失控的職場文化，天天瞎忙、勞心勞力，
你真的「會」工作嗎？

殷仲桓、張地　著

藍色星期一、收假症候群、職業倦怠……

在大聲抱怨東、責怪西之前，
先問問自己：懂不懂「上班」？

目錄

目錄

目錄

前言

　　很多公司的總經理和人力資源總監都認同優秀的員工很重要。然而，究竟什麼樣的員工才是優秀的員工？對於這個每個人都有不同的理解。有的人認為，只有為企業創造價值的員工才是企業的優秀的員工，但在不同的時間，是很難衡量員工的價值。如技術人員開發出來的產品，在未產生效益時，你很難看出他比銷售菁英更重要，而對他們給予獎勵，結果是會讓大家會覺得不公平。

　　那麼，究竟什麼樣的員工才是優秀的員工？是不是業務菁英和技術人才就是優秀的員工？

　　優秀的員工是指有創造績效以及對公司發展最有影響的，並在某方面「不可代替」的員工。這一概念有兩個層次：「有創造績效以及對公司發展最有影響的」，這是優秀員工的標準。但從廣義的角度上講，一個公司的成員都是對績效有貢獻的，而對公司發展「最有貢獻」會因判斷標準和時間的不同而不同，那麼，甄別優秀員工的關鍵就是第二個層次：不可替代性。

　　某一角色是別人不能替代的或短期難以替代的，即使他（她）表面上看起來似乎不是十分重要，或對績效似乎沒有直接貢

前言

獻，但一旦他（她）不在位置上，就可能帶來連鎖的、甚至是重大的損失（顯性的和隱性的，直接的或間接的），這種員工就是不可替代的員工。西方的文獻中，也有學者從「價值會計」的模式提出「稀有人力資源價值」的概念。如：赫緒曼（Albert Otto Hirschman）和瓊斯的「內部競價模式」提出，他們認為只有稀有的人力資源才有價值。

「稀少人力資源價值」與職位的高低沒有必然的關係，因此，不能認為只有 CEO（企業集團執行長）、CFO（企業集團財務長）、CIO（企業集團資訊長）等角色才是老闆的優秀的員工。例如，假設文職人員 A，隨時有很多人能代替她，那麼，A 就不是優秀的員工。但是如果 A 在所負責的工作領域中做得十分出色，不可替代，那麼 A 就是優秀的員工。可見，相對於其他一般的文職人員，該文職人員絕對是優秀的員工，儘管她在公司的職務很低，然而她的角色能力存在著一定的「不可替代性」。

所有的企業老闆和管理者都知道，優秀的員工如同自己的左膀右臂，能讓自己在管理工作中感受到如虎添翼的成就感。但不可否認的是，優秀的員工往往少之又少，目睹企業中那麼多員工，能做到稱職的就已經很不容易了，想找個優秀的員工實在是很難。優秀的員工確實有其獨到的一面，所以，對於不能事必躬親的管理者來說，優秀的員工顯得多麼的不可或缺。

目前職場競爭日趨激烈，要想讓自己在競爭中不被淘汰，甚

至能夠脫穎而出，成為企業不可或缺的金牌員工，就必須將自己打造成為一名企業優秀的員工。但是，要想成為一個優秀的員工，首先要明白企業需要什麼樣的人才。無疑，忠誠、敬業、勤奮是身為一名優秀的員工必須具備的基本素養。

　　要想成為一個企業的優秀的員工，進入企業，就必須要端正心態，以企業為家。只有端正自己的心態，才會更快、更好地進入角色，發揮自己的專長。心態決定思想，思想決定行為，行為導致結果。在工作中要注意多從不同的層面和角度去檢視自己的心態，提升自我洞察能力。

　　在工作中，永遠記住本職工作是最重要的。做好自己的事情，並要及時匯報，反饋進度。選擇了從事的職業，就要努力將自己所學的知識、技能、特長在工作中發揮並加以運用，充分發揮個人的潛能，並加強學習，將知識、技能學到手，努力做一個知識型人才。只有這樣你才會脫穎而出，被公司主管重視，做到「人盡其才、才盡其用」，從而成為企業的優秀員工。

　　在工作中不固執己見，不逃避責任。對待已經出現的問題要勇於面對，想辦法去解決，多思考，多問，多提合理的建議，將及時將發現的問題和解決辦法匯報給主管，而不是將全部的問題留給主管。要主動與部門負責人交流，與同事加強溝通與合作，多提對企業發展有利的合理建議和建設性意見，多從主管的角度考慮問題。

前言

　　勤於思考，勇於創新，有責任感。「建立一支高品質的人才隊伍是企業生存和發展的核心。人不在多而在於精，看人、用人、識人的首要條件不是看學歷，也不是看經驗，而是看人的忠誠度和創新精神……」，這是某企業一位董事長的精闢論述。作為一名優秀的員工只有忠誠還是遠遠不夠的，必須在學習中工作，在工作中學習，勤於思考，在工作中有創新精神和責任感。多了解企業的發展資訊，多學習別人的經驗，處理好人際關係，少說話，多做事，多觀察。說到不如做到，我們在工作中就要鼓勵小改變，不僅要把自己的工作做好，更重要的是要有創新，爭取使自己在工作中有更大的提升空間。

　　總之，要想成為一名優秀的員工，需要自己的勤奮和努力，要心存善意與真誠，勤於思考，踏踏實實工作。只有這樣，你才能被企業認可，被主管信任；只有這樣，你才會無往而不勝，最終成長為企業的優秀員工。

　　本書緊緊圍繞「優秀」這兩個字做文章，結合古今中外大量生動鮮活的案例，詳細為你講述如何將自己打造成一個優秀的員工，讓自己真正成為企業的橋梁和紐帶，也讓自己成為企業不可或缺的人才。進而創造輝煌的業績與前程。

　　本書可讀性、啟發性和實用性都非常強，適合員工個人閱讀，也可以作為企業員工的培訓教材，相信本書的出版對企業員工的個人和培訓大有裨益。

第一章

角色定位：公司是船你是船員

公司是一條船，當你加入了一家公司，你就成為這條船上的一名船員。這條船是滿載而歸，還是觸礁擱淺，取決於你是否與船上的所有船員齊心協力、同舟共濟。作為企業的優秀員工，必須要定位好自己的角色，只有這樣，自己在工作中才能保證和企業步調一致，自己也才能成為企業中不可或缺的員工。

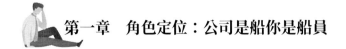

明白自己在為誰工作

　　身在職場的人通常都會思考這樣一個問題：自己到底是在為誰工作？這樣的思考會產生兩個結果：一個是覺得自己在為公司工作，或者說是在為老闆工作；另一個就是認為自己是在為自己工作。很明顯，這是兩種截然不同的工作態度，也必然產生不同的結果。

　　對於前一種人來說，他們的邏輯大致是這樣的：我在公司工作，而公司是屬於老闆的，所以很明顯，自己是在為公司、為老闆工作。至於透過工作學到的知識，累積的經驗，他們都把這些簡單地用薪資加以衡量，他們只關心薪資的多少，這也是他們工作最大的動力。

　　對於後一種人來說，雖然身處公司，公司也屬於老闆這一從屬關係同樣存在，但他們更多看中的是透過工作，自己從中得到的收穫。薪資當然也是其中不可缺少的部分，但他們更關注在工作中學到的知識和累積的經驗。

　　所謂「人往高處走，水往低處流」，要想成為一名企業優秀的員工，首先就要樹立正確的觀念 ── 工作是人生價值的展現，不管你在哪裡工作、為誰而工作，你首先是「工作」，然後才是為誰而工作的問題。其次要有正確的心態 ── 為自己而不是為老闆工作的正確的心態。

　　劉某在一家公司工作了一年，由於對自己的工作不滿意，他憤憤不平地對自己的朋友說：「我在公司裡的薪水是最低的，老闆也不把我放在眼裡，如果再這樣下去，總有一天我要跟他拍桌子，然後辭職不做。」「你把你們公司的業務都弄清楚了嗎？工作的訣竅完全弄懂了嗎？」朋友問他。「還沒有！」

朋友說：「君子報仇，十年不晚！我建議你先靜下心來，認認真真地工作，把他們的一切業務技巧和公司組織完全弄明白之後，你再一走了之，這樣做豈不是既出了氣，又有許多收穫嗎？」

劉某聽從了朋友的建議，開始認認真真地工作起來。一年之後，朋友偶然遇到他，「現在你大概都學會了你們公司的操作技巧，可以準備辭職不做了吧？」劉某說：「可是，我發現近半年來，老闆對我刮目相看，最近更是委以重任，又升職、又加薪。說實話，不僅僅是老闆，公司裡的其他人都開始敬重我了！」

劉某是幸運的，他只用了一年的時間就深刻體會到了一個人生哲理：只有抱著「為自己工作」的心態，承認並接受「為他人工作的同時，也是在為自己工作」這個工作心態，才能心平氣和地將手中的事情做好，最終也才能獲得豐厚的物質報酬，贏得社會的尊重，實現自身的價值。但是遺憾的是，許多員工直到職業生涯的盡頭，也沒能很好地回答「你在為誰工作」這個問題，沒有意識到為他人工作的同時，也是在為自己工作。

現實生活中，有的員工說主管對他們的能力和成果視而不見；有的說公司的薪資體制不合理；有的說老闆太吝嗇，付出再多也得不到相應的回報……然而一個人總為工作之外的事情大傷腦筋的話，他又怎能看到工作中成長的機會？他又怎能體會到從工作中獲得的技能和經驗，對自己的將來會產生什麼樣的影響呢？

工作中有些人為什麼會滿腹牢騷、怨天尤人？真的是工作枯燥乏味、薪資體制不合理、甚至低得不能養家糊口、自己真的沒有被重視嗎？不是，是因為他們沒有搞清楚在為誰工作。這個最基本的出發點如果發生了偏差，那得到的結果很可能就是截然相反的。就如同敷衍和認真這兩種工作態度一

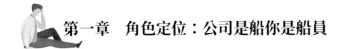

樣，敷衍的結果就如同自己為自己造一所粗製濫造的房子；而認真的結果得到的會是一座精美的別墅。

身處職場中的員工應該明確這一點：你工作是為了你自己。否則，沒有弄清楚這個問題，不調整好自己的心態，那大好的時光和青春的年華就將在漫無目的中虛度，最終與成功無緣。

有個老木匠做了十幾年的木工，他因敬業和勤奮而深得老闆的信任。天長日久，那老木匠對老闆說，自己想辭職回家養老。老闆十分捨不得他，再三挽留，但是他去意已決，不為所動。老闆只好答應他的請辭，但希望他能再幫自己蓋一座房子。老木匠自然無法推辭。

老木匠身在曹營心在漢，心思全不在工作上。用料也不那麼嚴格，他的技術全無往日的水準。老闆看在眼裡，卻什麼也沒說。等到房子蓋好後，老闆將鑰匙交給了老木匠。

「這是你的房子，」老闆說，「是我送給你的禮物。」

老木匠愣住了，悔恨和羞愧溢於言表。他蓋了那麼多豪宅別墅，最後卻為自己建了一座粗製濫造的房子。

職場中人應該明白這樣一個事實：公司是他們成長中的另一所學校，現在的努力並不完全是為了現在的回報，更是為了未來；老闆可以控制他們的薪水，可是卻無法控制他們提升讓自己能獲得更高待遇的工作能力。

要想成為企業優秀的員工，就要做到無論遇到什麼情況都不應該為自己尋找抱怨、偷懶、瀆職的藉口，因為他們不僅僅是在為老闆工作，更是在為自己工作、為自己的未來工作，應該把它當作一種屬於自己的事業，用心去做、去經營。

工作是為了自己的事業

對待工作，職場人士一般有兩種態度，一種態度是把工作當成事情來做，另一種是把工作當成事業來做。「事情」與「事業」一字之差，往往就成了失敗與成功的分水嶺。

社會上那些成功人士，他們在朝著自己的目標奮鬥的過程中，對待自己手中的工作絕不是只將其看成一件簡單的事情，而是將之當作一項令他嚮往的事業來精益求精地完成的。成功者往往把工作當自己的事業來做，而失敗者往往把工作當成是一件事情來做。

有這樣一個故事：

三個工人一起在工地工作，他們的工作是一樣的 —— 砌牆。一天，有個路人問其中一個工人：「師傅，您在做什麼？」

「砌牆。」

他又問另一個人：「您呢？您在做什麼？」

「賺錢，養家活口。」

他又問第三個工人：「您做的是什麼工作？」

「我嘛，在建造世界上最美麗的房子。」那個工人認真地回答道。

後來，前兩個工人仍然在工地上砌牆，而第三個工人則成為著名建築大師。

這個故事說明了一個非常簡單的道理，那就是你把自己的工作當成一件

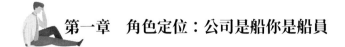

簡單的事情來做，那你就只能永遠在做事情；而你把自己的工作當成一個人生的事業來做的話，你就會不斷地獲得成長與進步，從而實現更高層次的境界。也正是因為如此，一個人為事業而工作才是最值得的。

如果僅僅把工作當成一件事情來做，你就看不到你所做的工作與整個公司要實現的事業目標之間的關聯，你對於你手中要做的每一件事情都會單獨地看待。由此而產生的心態就是把你所從事的工作當成了一個瑣碎的、麻煩的、做完事情之後就脫手的事情。如果認真一點的，會想著把事情做得好一點，出色一點；認真程度差一點的，就連單純的事情也做不好，草率收場，敷衍了事，把事情當作一種不得不做的麻煩。

把工作當成事情來做的人，導致的另一個心態是就是為薪水而工作。因為完成一件事情是短暫的，既然要來做這短暫的事情，那當然就是衝著薪水而來的。在這種心態之下，一個人需要為自己將來所做的累積經驗、提高技能、累積人脈、增進知識等自然就會拋於腦後，為薪水漲而喜，為薪水降而悲。一旦對薪水不滿，就對工作敷衍了事，當一天和尚撞一天鐘。這不僅對公司是一種損害。長此以往，無異於降低自己的價值，使自己的生命枯萎，將自己的希望斷送，使自己維持在一種低層次的生活水準上，過著一種庸庸碌碌、牢騷不斷的生活，並因此而埋沒了自己的才能，淹沒了生命應該有的那種創造力。

對於一個立志要成為企業優秀的員工的人，他會把工作當成事業來做，那麼他在工作時的心態就截然不同了。他會把自己所做的工作與團隊的事業之間聯繫起來，拓展工作的發展空間，就會設計未來，把每天所做的事情當作一個連續過程，因而會將小事做大，逐漸發展成為足以令你自豪和驕傲的事業。

公司是船你是船員

英特爾（Intel）總裁安迪・葛洛夫（Andrew Stephen Grove）曾對即將走入職場的學生們說：「不管你在哪裡工作，都別把自己當成員工，而應該把公司看作是自己開的。自己的事業生涯，只有你自己可以掌握。不管什麼時候，你和老闆的合作，最終受益者也是你自己。」

但是，這種心態在當今的職場卻並不多見的，員工們基本上都認為：「公司是老闆的，我只是為老闆工作，付出得再多，做得再出色，最後得到好處的永遠是老闆。」

在部隊中，每一個軍人都非常清楚，他必須和他的長官、他的戰友風雨同舟，否則他犧牲的可能性就會很大。在戰場上就只有生與死，每一個錯誤都可能意味著死亡。沒有長官的智慧，沒有戰友的配合和掩護，你是無法獨自完成任務的。

有個企業家被問到為什麼喜歡航海時。他的回答是，航海和經營企業有很多的共同點：一個企業的發展需要全體員工的共同努力，就像一艘船要破浪前進需要全體船員各司其職，共同配合，才能順利抵達目的地一樣。

所以，作為企業的優秀員工你必須樹立「公司就是我們的船」的理念。每一個員工都應該把自己工作的公司看成是一艘船，這樣你才會竭盡所能、主動、高效、熱情地完成自己的任務，用心去打造屬於自己的「船」；還要將你的上司、同事看成是和你風雨同舟的夥伴，你們是一艘船上的合作者，而且只有每一個人都努力做好自己的工作，這艘船才會前進。每一個人的命運

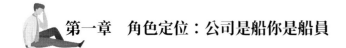

第一章 角色定位：公司是船你是船員

都將和這艘船緊緊地捆綁在一起，與船同生共死。所以，你不但要為你的船做好自己的本職工作，還要保護你的船，不讓它在中途拋錨。

王某在一家只有二三十個人的電腦配件製造公司工作，他的老闆劉某，只是一個比他大三歲的年輕人。就在王某到公司的第三個月，公司接到了一個大的訂單，為某電腦公司加工 60 萬張硬碟。這對當時的公司來說，已經是個很大的訂單了，這筆訂單能否順利按時完成，對公司今後的發展關係重大。公司上下馬上就忙碌了起來，將全部的資金都投入到這個項目中去了。

然而，商場風雲變幻莫測，一方面由於技術不佳，另一方面由於管理上的疏忽，所生產的硬碟出現了嚴重的品質缺陷，被全部退貨。對於王某所在的小公司來說，這無疑是一個極其沉重的打擊，公司不但沒有賺到錢，反而欠了銀行的債。銀行知道消息後，不斷上門來討債。後來，連支付水電費都成了問題。

但老闆劉某還是四處借錢，借到了發薪水的錢。發薪水時，老闆召開了會議，向員工闡明了公司面臨的窘境，並提出希望員工能夠和他共同來應對這場困難，在了解公司的境況後，許多員工都選擇了辭職。還有一部分員工認為公司走到這一步，應該完全由老闆劉某承擔責任，所以他們向劉某要求支付失業賠償金。其中就有以往對劉某表示過忠心的人，這使劉某感到很傷心，於是他毫不猶豫地在他們的賠償協議書上簽了名。那些原本沒打算索要賠償金的員工見此情景也紛紛要求賠償，劉某都一一滿足了他們。

當看著那些平日裡信誓旦旦說要和自己共同打拚的員工離他而去時，劉某感到了自己十分孤單，他以為公司就剩下了他一個人。但當他走出自己的辦公室時，他驚訝地發現還有一個人安靜地在工作，這個人就是王某。他是一個平日裡並不怎麼接近劉某，也很少和劉某交談的員工。看到這個情景劉

某非常感動，他走到王某面前對他說：「你為什麼沒有向我索要賠償金呢？如果你現在要，我會給你雙倍的。我現在雖然已經身無分文了，但我相信我的朋友會幫助我的。」

「賠償金？」王某笑了笑，「我根本就沒有想過要離開，為什麼要索要賠償呢？」「你不打算離開？」劉某顯得非常驚訝，「難道你認為公司還有希望嗎？說實話，我自己都失去信心了。」

「不，我認為公司還大有希望，你是公司的老闆，你在公司就在；我是公司的員工，公司在我就該留下來。」王某說。劉某被深深地感動了，「有你這樣的員工，我當然應該振作起來！但是，我不忍心你和我一起吃苦，事實上我已經破產了，你還是去找新的工作吧。」

「老闆，我願意留下來和你一起吃苦。公司發展好的時候，我來到了公司，如今公司有了困難，我就離開，這太不道德了。只要你沒有宣布公司關門，我就有義務留下來。你剛才不是說你的朋友願意幫助你嗎？如果你把我當作朋友，那麼就讓我來幫助你吧，我可以不要一分錢。」

王某堅定地留了下來，並把自己的積蓄全部借給了劉某。劉某為了償還銀行和員工的賠償金，賣掉了自己的加工工廠和所有的設備，也賣掉了汽車。接下來的日子裡，他們轉變了經營的重心，開始寄售自己的產品給一些軟體公司。這種方式的投入很小，公司很快就有了轉機，兩個人忍受了半年的艱苦後，公司終於開始盈利了。此後，公司進入了快速的發展期，一年多後，公司就由負債轉為盈利了。

一天，工作之餘，王某和劉某在一家咖啡廳喝咖啡，劉某說：「在公司最困難的時候，是你給了我最大的幫助。當時我就想把公司的 1/3 股份交給你，但當時公司還沒有脫離困境，我怕拖累你，現在公司終於起死回生了，

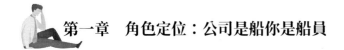
我覺得是時候把它交給你了。同時，我真誠地邀請你出任公司的副總經理。」劉某說著，將聘書和股權證明書一起交給了王某。

在商場上，一次的失誤當然並不會意味著死亡，但沒有一個老闆喜歡這種事情一再地發生。而且，你所從事的企業發展不順利，你的個人利益就會受到影響；如果企業經營不善最後倒閉，你還是得重新選擇工作。所以，你的利益和公司的利益是一致的，企業的發展也是保障你個人利益和發展前途的基礎。因而，企業就如同一艘船，它需要所有船員（員工）全力以赴、共同配合把船劃向成功的彼岸，同時，這條船也承載著它的船員（員工），避免他們掉入大海。

其實，老闆和員工都是這條船上的一員，只是分工不同，角色不同而已。在企業這條船上，老闆是船長。這個職位賦予他的不僅有權利，還有責任，他要思考船的航向，要避免觸礁或者碰到冰山，還要保障一船人的安全。你一旦進入一家企業，就如同上了一條船，你唯一的選擇就是盡職盡責地完成好自己的本職工作，只有這樣，才能保證船在中途不會出問題。

從某種意義上說，員工也是企業的主人，公司的興亡不僅和公司裡每一位員工的切身利益有著直接的關係，而且還維繫在公司的每一位員工身上。所以，上了公司這條船，員工就必須和公司共患難，必須和老闆風雨同舟。

為自己找一個好的定位

　　管理學家埃德加‧席恩（Edgar Schein）認為，一個人最初的定位是由進入工作初期學習到實際工作經驗所決定的，但這是不穩定的。當工作經驗與個人的不斷反省中獲得動機、需要、價值觀、才華相結合，才能達到自我滿足和補償的一種長期穩定的定位。

　　在工作中，如果你是一名新進員工，那麼你就要重新審視自我動機、需要、價值觀及能力，逐步確認個人需要與價值觀、適合個人特質的工作、自省改善、增強自身才華，達到自我滿足和補償。

　　在席恩看來，我們對工作的定位有五大類型：技術職能能力型、管理能力型、安全型、自主型和創造型。

1. 技術職能能力型。這樣的員工以技術職能能力為職業定位，有特有的職業工作追求、需要和價值觀，強調實際技術或某項職能業務工作。

2. 管理能力型。這樣的員工願意擔負管理責任，且責任越大越好。管理權力是此類型員工的追逐目標，他們傾心於全面管理，掌握更大權力，肩負重大責任。

3. 安全型。工作的穩定和安全，是這一類員工的追求、動力和價值觀。他們的安全取向有兩類：一種追求職業安穩，這種穩定和安全感主要源自於既定組織中穩定的成員資格，例如大公司組織安全性高，其成員的穩定係數也高；另一種注重情感的安全穩定，例如使自己融入團隊而獲得的安全感。

4. 自主型。這種員工通常會以最大限度地擺脫組織約束，追求能施展個人職業能力的工作環境為目的。而且他們會認為，組織生活是非理性的，太限制個

21

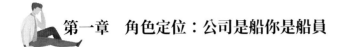

人，甚至侵犯個人私生活。他們追求自由自在、不受約束或少受約束的工作環境。

5. 創造型。這是很獨特的一種定位。在某種程度上，創造型職業定位與其他類型的職業定位有重疊。追求創造型定位的員工要求有自主權、管理能力，能施展自己的才華。但是，這不是他們的主要動機與價值觀，有創造空間才是他們追求的主要目標。

以上五種職業定位作為一個職場人士應該認清的，這是自己以後工作的基礎和平臺。有了這個基礎和平臺，工作才有可能做好。當然，在為自己找一個好的定位的同時，還應該做到以下三點：

首先是要到位，即工作到位，執行到位。作為公司的員工，每個人都有自己明確的工作範圍和職責範圍，你首先必須保證工作到位，做好自己的本職工作。同時，責任邊界總是會有交叉的地方，同事之間、上下級之間在責任邊界上會經常存在模糊地帶。這個時候，往往需要自己積極主動，多承擔一些責任，不能留出責任的空白區。這是到位的基本要求。另一方面，到位其實還是一種工作態度的表現。積極主動的工作往往能夠使你的工作成果更加突出；相反，如果不積極主動去工作，許多工作都做不到位。

一個名牌大學的研究生，畢業之後出來找工作。由於出自名校、自恃才高，所以做起事情來總是馬馬虎虎不認真，覺得這些小事情讓他一個名牌大學的研究生來做，簡直就是大材小用。因此，做起事來總是拖拖拉拉，甚至投機取巧，應付了事。結果處境越來越糟糕，最後成為一個潦倒落魄的人。

在工作中，你一定始終要以積極的態度去對待，這樣才能夠把工作做得圓滿、到位。一個人的工作態度其實往往也是其人生的態度，你對工作不負責任，也就是對自己不負責任。

其次是不要越位，即在工作時不要超出自己的管理範圍。如果沒上級的授權，超越了管理範圍也會導致權責不清。尤其是針對管理能力型，該是你管的事情，就一定要管住管好；不是你該管的事情，則要根據實際情況，主動配合主管把事情處理好。

再次，適當的時候要補位。在工作中，我們經常遇到這種情況：上司不在或者其他員工不在，可是這個人的位置上現在有急事需要他處理，此時，如果經理沒有授權，不是此職位的員工當然可以對此置之不理，這可以保證員工自己沒有越位。但是，另一方面，在這個時候，如果你不及時補位，就有可能造成公司利益的損失。所以在工作中，你還要在適當的時候補位，這展現的是一種自動自發、主動執行的精神，這種做法不僅保全了公司的利益，還展現了你個人的價值。

總之，工作中的你，必須為自己找一個好的定位，並在這個位置上展示自己的能力，這樣你的工作才有可能做好，自己也才可能成為企業的優秀員工。

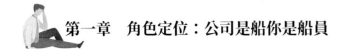

做人不要太張揚

　　才華當然有助於一個人成就事業、創造輝煌，可是如果你不能完全控制它，它有時會變成你職業生涯的拖累，能毀掉一個人的事業和前程。職場中很多聰明又有能力的人，一朝得意，最終失敗，致命原因通常是恃才傲物，性格過於張揚霸道，親和力太小，摩擦力太大。所以成功對他們來說永不可及。

　　常言道「聰明反被聰明誤」，指的就是這類人。他們往往憑藉自己的強勢突顯於整個群體中，從而破壞了整體的和諧，造成「鶴立雞群」的尷尬局勢。如此這般，受到孤立是在所難免的，更糟糕的是，甚至還會招致殺身之禍。

　　楊脩天資聰穎，才學過人，深得曹操器重。他官拜相府主簿，替曹操捉刀代筆，掌管相府往來文印。他以體察曹操心計為榮，最終被曹操一聲令下，得到的是身首異處的悲慘結局。其實，楊脩慘就慘在他的才學過人，深諳曹操心理了。在同僚面前誇耀的同時，卻不知天下強主必多疑，終遭殺身之禍。可謂聰明反被聰明誤！

　　俗話說：「木秀於林，風必摧之；流出於岸，水必湍之。」這說明一個人如果太突出太優秀，讓多數人顯得平庸，本身就已很容易遭人暗算了。即使你不想得罪人，也會有人出於嫉妒而暗放冷箭的。

　　因此，對於那些有才能的人來說要想避免職場遭受挫折的命運，放下身段是非常重要的一步。一個喜歡擺架子的人只會使自己就業之路越走越窄，因為你講究「架子」，計較「得失」，就自己畫了一個圓，限制了自己的手腳，

而別人用你也會瞻前顧後、顧慮重重，最後別人會將目光投向他處。

可是有些人就是不明白這一點，適應不了工作環境的時候，他們不是從自身找原因，而是牢騷滿腹，一會埋怨主管平庸，一會指責環境太差，動輒就把自己的工作失誤歸咎於「無能」的同事沒辦法給予自己應有的配合，總之就是不打擊完所有的人不罷休，最後主管認為你不過是繡花枕頭一個，既沒有多少真才實學，更缺乏良好的團隊意識；同事們覺得你就像得了狂犬病一般，到處亂咬，害人匪淺，於是大家就像躲避瘟疫似的躲著你，試想一下，這樣一來，你的發展空間還有多大？發展機會還有多少？

懂得證明自己的價值固然勇氣可嘉，指點江山、昂揚的氣度固然瀟灑，但是踏踏實實做工作的精神更重要。每一位員工都必須清楚自己的實力，知道自己的特長，找準自己的定位。不要自以為是，認為自己樣樣全能。在任何部門工作都必須融入到團隊裡去。要學會從底層做起，從普通工作做起，從小事做起，不斷學習，不斷提高和突破自己，凡事都不能操之過急，應該一步一個腳印，累積雄厚的實力。

做什麼事情都不要鋒芒畢露，適當表現一下，偶爾露一下鋒芒，可以讓上司、同事留下一個良好的印象；但是一定要把握好分寸，為人處事不可做得太絕。不要急於提意見，千萬別越位。讓上司、同事消除戒心，要懂得先保護自己，收斂銳氣等待時機，切忌以自我為中心。

在公司裡，要想出人頭地，的確需要適當表現自己的能力，讓同事和上司看到你的卓越之處。但許多心高氣傲的員工往往陷入這樣的誤解，那就是把表現自己的時機錯誤地放在了與自己同處一個地位的同事面前，不知什麼是收斂，結果往往在職場競爭中輸得莫名其妙。本來同事之間就處在一種隱性的競爭關係之下，如果一味地刻意表現，不僅得不到同事的好感，反而會

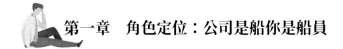
引起大家的排斥和敵意。

其實，表現自己並沒錯。在現代社會，充分發揮自己潛能，表現出自己的才能和優勢，是適應挑戰的必然選擇。但是，表現自己要分場合、分方式。盡量不要讓你的表現看上去矯揉造作，好像是做樣子給別人看似的。特別是在眾多同事面前，只有你一個人表現得特殊、積極，往往會被人認為是故意推銷自己，常常會得不償失。

在需要關心的時候關心同事；在工作上該出力的時候，全力以赴，才是聰明的表現。而不失時機甚至抓住一切機會刻意表現出自己「關心別人」、「是上司的好下屬」、「雄心勃勃」，則會讓人覺得虛假而不願與之接近。

在工作中，往往有許多人掌握不好熱忱和刻意表現之間的界限。不少人總把一腔熱忱的行為演繹得看上去是故意裝出來的。其實，這些人學會的是表現自己，而不是真正的熱忱。真正的熱忱絕不會讓同事以為你是在刻意表現自己，也不會讓同事反感。

不恰當表現的另一個盲點就是經常在同事面前展現自己的優越性。日常工作中不難發現這樣的同事：其人雖然思路敏捷，口若懸河，但一說話就令人感到狂妄，因此別人很難接受他的任何觀點和建議。這種人多數都是因為太愛表現自己，總想讓別人知道自己很有能力，處處想展現自己的優越感，從而能獲得他人的敬佩和認可，結果卻是失去了在同事中的威信。

法國某哲學家有句名言：「如果你要得到仇人，就表現得比你的朋友優越吧；如果你要得到朋友，就讓你的朋友表現得比你優越。」因此，聰明的員工總是對自己的成就輕描淡寫。

還有一種情況，就是當自己工作有成績而受到上司表揚或提拔時，在上

司還沒有宣布的情況下，就在辦公室中故作神祕地對關係密切的同事細訴。一旦消息傳開來後，這些人肯定會招同事的嫉妒，從而引來不必要的麻煩。

當然，除了在得意之時，不要張揚外，即使在失意的時候，也不能在公開場合下向其他人訴說上司的種種不對。要是這樣的話，不但上司會厭煩你，同事們更會對你不屑，你以後在公司的日子肯定不好過。所以，無論在得意還是失意的時候，都不要過分張揚或恃才傲物，否則只能為工作帶來障礙。

另一方面，還要切記：留點機會給別人。

小王相貌出眾，活潑大方，然而不解的是在公司裡她的人緣卻不很好，原來她「太愛表現自我」了。老闆來了解情況時，她總是搶著發言，次次都成了她和老闆的單獨對話，剝奪了其他同事交流的機會。大家在一起聊天時，只能聽她一個人說，或者只能談她所感興趣的話題，否則她就不感興趣，不耐煩或乾脆走人。老闆在場或有能露臉的任務時，她就非常張揚地表現自己，而老闆不在場或有一些不起眼的小事時，她就敷衍了事，能躲就躲。

實際上分析起來，別人未必是反感小王的「愛表現」，每個人從內心深處來說都是「愛表現」的。別人反感的是，她只顧自己表現，而且把別人表現的機會都搶走了，過分自私。現實的邏輯是，如果你總以自己為「主角」，把他人當「觀眾」，則這臺戲是唱不久的。別人會拆你的臺，冷你的場，讓你孤零零地唱「獨角戲」。試想，你連一個觀眾都沒有了，還能表現給誰看呢？

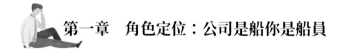

第一章　角色定位：公司是船你是船員

不要覺得老闆是對立的一方

　　公司的組成成員簡單來說，就是發布命令的人和服從命令的人。如果發布命令的人和服從命令的人總是站在對立面上，那麼這個公司也就岌岌可危了。所以員工不能覺得老闆是對對立的一方，與老闆榮辱與共，與公司共同發展，這是許多大公司正在宣導的一種企業文化。

　　在公司中，如果員工對於老闆的命令總是有對反抗的情緒，那麼就不利於工作，不利於公司發展。

　　侯某是從別的地方來這裡工作的，做電視剪輯。因為他是新員工，因此需要學習的東西很多，他的工作是每天從下午 1 點到半夜 2 點對著電腦進行剪輯，剩下的時間只有用來睡覺，也沒有週末。一次，為了完成任務，他有半個月的時間不出房間了。慢慢地，他就有些不願意工作，對於老闆的命令不能百分百地服從，有時候也想直接反抗，他總認為老闆是針對他個人，好像不喜歡他這個人。

　　其實，像侯某這樣的員工不在少數，他們往往因為一時的辛苦，就對自己的工作有所懷疑，就對老闆產生反抗的情緒，認為老闆是故意刁難，這種想法是造成覺得對立的原因之一。其實，有一點經驗的人都知道，這樣做的直接後果就是自己受傷害。

　　員工和老闆是否對立，既取決於員工的心態，也取決於老闆的做法。聰明的老闆會讓員工得到公平的待遇，而員工也會以自己的服從予以回報。如果你是老闆，一定會希望員工能和自己一樣，將公司當成自己的事業，更加

努力，更加勤奮，更加積極主動。因此，當你的老闆對你發出命令時，請不要以反抗的情緒來看待它。

你要改變你對待老闆的態度。老闆和員工的角度不一樣，但是並不代表老闆和員工是對立，老闆要想成就自己的事業，需要員工的配合，同時員工要想成就自己的事業，也需要老闆的配合，因此，老闆和員工是一個相互合作的關係，而不是對立關係。

如果你每天早晨一想到上班就害怕，一想到老闆就害怕，那說明你對老闆有對立的想法，這種想法並沒有任何理由。你不喜歡與他一起工作，但是你卻不得不想辦法與他和平共處。最後，你會把這種對立歸咎到老闆身上，認為自己付出很多，得到的卻是老闆不公平的待遇。這種不快樂會使得你和老闆和公司在情感和利益上都形成一種惡性的對立關係，那麼你又怎麼能將工作做好呢？做不好工作，老闆就更加不喜歡你，於是惡性循環也就出現了。最終，你不得不辭職。

如果你覺得老闆對你不夠公正，首先要冷靜幾分鐘，想一想「他為什麼這樣做？」如果你過於情緒化，或者一向對上司有成見，可能會和他大吵一架，而這樣只會使情況更糟。要始終堅持「對事不對人」，了解他的真實想法，順應他的思路，冷靜、客觀地提出要求。

因為有這種對立的想法，直接傷害到還是你自己。不要感慨自己的遭遇，不要認為老闆是針對於你個人。你不能獲得上司的賞識，肯定是某一方面出現了差錯，你應該學會積極地檢討，檢討一下你自己的工作態度，檢討一下自己的工作成績，如果的確不出色，那麼你應該利用這個老闆挑你錯的機會，充分認識自己的錯誤，從挫折感中走出來。

老闆習慣於向員工發號施令，而員工是老闆管理的人，是管理者，你必

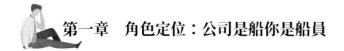

須聽從老闆的指令，執行老闆安排的任務，即使老闆錯了，在提醒老闆後依然無法改變老闆的決定時，你還是要服從，別有什麼對立的想法，除非你做好丟掉工作的準備。

為了公司的利益，每個老闆只會保留那些最佳的員工，而那些沒有對立想法的人絕對是其中之一。同樣，為了自己的利益，每個員工都應該意識到自己與公司的利益是一致的，而不是對立的，並且全力以赴努力去工作。只有這樣，才能獲得老闆的信任，最終改變自己的狀態。

如果你在工作中由於某些問題而產生與老闆的對立想法，最好的消除辦法就是積極與老闆進行溝通。與你的老闆的溝通過程就是解決問題的過程。也許你的上司是一個心胸狹隘的人，不能理解你的真誠，不珍惜你的付出，那麼也不要因此而產生牴觸的情緒，將自己與公司與老闆對立起來。不要太在意老闆對你的評價，他們也是有缺陷的普通人，也可能因為太主觀而無法對你做出客觀的判斷，這個時候你應該學會自我肯定。只要你竭盡所能，做到問心無愧，你的能力一定會得到提高，你的經驗一定會豐富起來，最主要的，你的心胸就會變得更加開闊。

另一個方法就是把自己看作自由人。想像自己是個獨立的承包人，你的雇主是位大客戶，然後合理地分配你的時間，以達到不僅滿足客戶所需，而且還有餘裕從各方面發展自己的目的。例如，你的工作是負責起草各種報告文件，用詞的好壞，對於你上司可能無關緊要，但對於你呢？一位獨立的承包人，你應該要知道，你使用的措辭技巧可能會開闢一個全新的銷售市場。這表面上是順從你的上司，實際上是把你推到獨立承包人的地位。

老闆和員工關係是和諧統一的，這樣的公司才是朝氣蓬勃的，才是不斷發展進步的。有了公司的發展，也就有了員工的發展。

不要總覺得自己懷才不遇

似乎每個地方都有「懷才不遇」的人，這種人有的真的懷才不遇，因為客觀環境無法配合，但為了生活，又不得不屈就，所以痛苦不堪。

是否有才華的人都是這樣？絕不是，雖然有時千里馬無緣遇到伯樂，但大部分都是自己造成的。真正以為自己有才華的人常自視過高，看不起能力、學歷比自己低的人，可是社會上的事很複雜，並不是你有才能就可以得其所，別人看不慣你的傲氣，就會想辦法修理你。

而另外一種「懷才不遇」的人根本是自我膨脹的庸才，他們之所以無法受到重用，是因為自己的無能，而不是別人的嫉妒。但他們往往並沒有意識到這個事實，反而認為自己懷才不遇，到處發牢騷，吐苦水。結果呢？「懷才不遇」感覺越強烈的人，越把自己孤立在小圈子裡，無法參與其他人的圈子。結果有的辭職，有的外調，做的還是小員工，有的則還在原公司繼續「懷才不遇」下去。

現實生活中，不管你的才華如何，也不要有「有才華無法施展」的念頭，這時候你要千萬記住：就算有「懷才不遇」的感覺，也不能表現出來，因為這樣魯莽的行為是不智慧的表現，你不妨從以下幾個部分權衡和完善自我。

1. 自己是否具有優秀能力

一個現代化的公司如果沒有優秀能力，將會逐漸走向倒閉，而不具備優秀能力的人，也將注定只會拿死薪水，而不會有太大的職業發展，你是不是

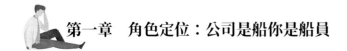

第一章　角色定位：公司是船你是船員

會成為這種人？有幾個問題你不妨回答一下：

(1)　你是否正在一條正確的道路上行走？

(2)　你是否仔細地觀察和研究過你工作的每一個細節，就像木匠仔細研究他的櫃子長寬，力求達到盡善盡美？

(3)　你是否致力於為公司創造更多的價值？為了這個目的，你不斷地開拓自己的知識，並認真閱讀過相關的專業書籍嗎？

如果對這些問題，你不能做出肯定的答覆，那說明你沒有做得比別人好，也沒有超越他人，從而，你也就明白為什麼你比別人聰明卻總是得不到升職的機會。看到上面的問題，就更應反省自己，努力做到完美。

淵博的知識能促使你更上一層樓，對你的發展會有更大的推動作用。

事實上，我們應更深入探索和學習我們所涉及領域的知識。只是泛泛地了解一些知識的經驗，那是遠遠不夠的。正如一位出色的企業家說：「『萬事通』在我們那個時代可能還有機會施展，但到現在已經一文不值了。」掌握幾十種職業技能，還不如只精通其中一兩種，什麼都只知道一點點，還不如在某方面懂得更深入，因為如果你不能做得比別人更好，就不用妄想超越他人，從而也無法形成自己有卓越的競爭能力，因為這種能力會把你和別人區別開來，使你自己在工作中變得不可取代，為你的職業生涯打下良好的基礎。

同時，要獲取這種優秀能力，需要在職業生涯中做出「正確的抉擇」，而這需要一段長時間的訓練期，很多生活中的失敗者差不多也都做過好幾種行業，可如果他們能夠集中精力在一個行業和方向上發展，相信就足以獲得很大的成功。

成功的祕訣之一就是：無論你從事什麼職業都應精通它。精通自己領域

的所有問題，掌握得比別人更熟練、更精通，你就會比其他人有更多的機會獲得升職和更長遠的發展。

2. 讓自己變得不可替代

在我們這個時代，全才不過是天方夜譚，於是，專家出現了。專家其實只意味著對某個細節了解得比別人多一點而已。既然你已經無法成為全才，那麼，不妨試著去了解某些細節吧，越細越好，這樣，當別人有疑問時，首先想到的肯定會是你。

李某在一所很普通的大學讀電腦相關專業。大三那一年，在父親朋友的幫助下進入一個大城市的一家科技研究機構實習。剛去的時候他什麼也沒得做，上司看他可憐，就丟給他一個東西，說：「三個月內完成就行，到時候給你一個實習證書。」

三天裡，他幾乎都住在公司，然後 —— 完成了它。

第四天上午，當他告訴上司任務已經完成時，上司嚇了一跳，對他刮目相看。又給他幾個任務，並且規定很少的時間，而他居然都會提前完成。

實習結束，上司沒多說什麼，但不久卻直接去到他的學校點名要他。

在這之前，機構的上級部門覺得很奇怪：我這裡有好幾個品學兼優的研究生，你都不要，卻非要一個普通的大學生，不是開玩笑吧。

「不是開玩笑，他有專長。」那個上司說。

後來，有一次上級臨時借調他去幫忙，結果是：這個部門以前的報表都是最後一個交，並且還經常被退件，但這一次，李某不僅第一個送上報表，而且一次性順利透過。

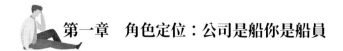
上面點名要他，下面不願意放，但硬是被調走了。現在他做的事情是負責為新來的研究生、大學生分配工作。

在就業競爭日益激烈的今天，李某是如何如此輕鬆地找到了一份體面的工作？

李某總結的經驗是：把自己所學的知識對應於社會工作的一個領域，並在這方面強化，找一切能轉化為實踐能力的機會。所以從大二開始，他就不再平均用功，而是開始主攻一科：資料庫研究。那時他的興趣，也是他認為以後用處最廣的領域。

他的大部分時間都用在這上面，他幾乎在上一個「資料庫研究」研究生班。當然，他既是導師也是學生。這種主攻到了什麼地步？有時，老師就讓他為同學們講解，而自己在下面微笑著看他。

這樣的年輕人有哪個上司不喜歡呢？

無論你目前從事哪一項工作，一定要使自己多掌握一些必要的工作技能。一步一腳印去做，把自己培養成一個具備能力且能在期望職位上工作的人，而其中一個關鍵的問題就是：掌握必要的工作技能，讓自己能勝任這個職位。在主動提高自己的工作技能時，你應當明白，自己這樣做的目的並不是為了獲得金錢上的報酬，而是為了使自己更長久地發展。更重要的是，多掌握一些必要的工作技能，然後才能在自己所選擇從事的終身事業中，成為一名傑出的人物。

工作是人的天職，履行這個天職最為重要的是要有相關的技能，就像貓一定要學會抓老鼠一樣，如果沒有好的工作技能，就無法履行你的天職，也就無法成為你自己了。

在公司中，如果你掌握了必要的工作技能，就能提升自己在老闆心目中的地位。隨之，你會常常出現在公司的重要會議上，甚至被委以重任，因為在老闆的心目中，你已經變得不可替代了。

3.100%投入地做好每一件事

任何公司都會要求員工盡最大努力地投入工作，創造效益。其實，這不僅是一種行為準則，更是每個員工應具備的職業道德。

全身心的投入，並盡善盡美地完成一件事，要比雖然懂得十件事，卻只知表面好得多。美國一位知名人士在演講時曾對學生說過：「比任何事情都重要的是，你們要懂得如何將每一件事情做好。只要你能將本職工作做得完美無缺，就會立於不敗之地，至少永遠不會失業。」

一個成功的企業管理者說：「如果你能真正製好一枚別針，應該比你製造出粗糙的蒸汽機創造的財富更多。」

很多人都有過同樣的困惑，為什麼那些能力不如自己的人，最終取得的成就遠遠大於自己？如果對於這個問題你百思不得其解，其實就是投入程度不同而已。

那些毫無水準的建築工人，將磚石和木料拼湊在一起來建造房屋，可能在尚未找到買主之前，有些房子就已經被暴風雨摧殘掉了。學術不精的醫科學生，懶得花更多的時間去學習專業知識，結果在幫病人動手術時，他們往往手忙腳亂，使病人承擔極大的風險。律師如果平時不認真研讀法律法規，辦起案來就會笨手笨腳，白白浪費當事人的時間和金錢……這些都是缺乏投入精神的結果。

世上無難事，只怕有心人。無論你從事什麼行業，都應謹記這個道理。

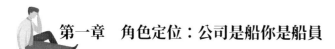

第一章　角色定位：公司是船你是船員

第二章
端正態度：工作為老闆更為自己

　　如果你只是為老闆工作，只為老闆發給你的薪水工作，那麼你能做到的只是一個誰都可以替代你的普通員工；如果你不僅為薪水工作，還為自己工作，把老闆的事業當成自己的事業，那你就能成為老闆不可或缺的員工。在這種力量驅動下的人，他們永遠保持最旺盛的工作熱情、最忘我的工作態度，他們就成為每個組織和機構最受歡迎的員工、每一個老闆最優秀和重用的人才。

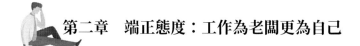
不要厭惡你的工作

　　人生最有意義的就是工作，與同事相處是一種緣分，與客戶、合作夥伴見面是一種樂趣。即使你的處境再不如人意，也不應該厭惡自己的工作。如果環境迫使你不得不做一些令人乏味的工作，你應該想方設法使之充滿樂趣。用這種積極的態度投入工作，無論做什麼，都很容易取得良好的效果。

　　人可以透過工作來學習，可以透過工作來獲取經驗、知識和信心。你對工作投入的熱情越多，決心越大，工作效率就越高。當你擁有這樣的熱情時，上班對你來說就不再是一件苦差事，工作就變成一種樂趣，就會有許多人願意聘請你來做你所喜歡的事。工作是為了讓自己更快樂。如果你每天工作八小時，就等於你在快樂地享受這八小時，這是一件多麼划算的事情啊！

　　許多在大公司工作的人，他們擁有淵博的知識，受過專業的訓練，他們朝九晚五穿行在辦公大樓裡，有一份令人羨慕的工作，拿一份不菲的薪水，但是他們並不快樂。他們是一群孤獨的人，不喜歡與人交流，不喜歡星期一；他們視工作如緊箍咒，僅僅是為了生存而不得不出來工作。

　　當你在樂趣中工作，如願以償的時候，就該愛你所選，不輕言變動。如果你開始覺得壓力越來越大，情緒越來越緊張，在工作中感受不到樂趣，沒有喜悅的滿足感，就說明有些事情不對勁了。如果我們不從心理上調整自己，即使換一萬份工作，也不會有所改變。

　　一個人工作時，如果能以精益求精的態度，火焰般的熱忱，充分發揮自己的特長，那麼不論他做什麼樣的工作，都不會覺得辛勞。如果我們能以滿

腔的熱忱去做最平凡的工作，也能成為最精巧的藝術家；如果以冷淡的態度去做最不平凡的工作，也絕不可能成為藝術家。各行各業都有發展才能的機會，實在沒有哪一項工作是可以輕視的。

如果一個人鄙視、厭惡自己的工作，那麼他必遭失敗。引導成功者的磁石，不是對工作的鄙視與厭惡，而是真摯、樂觀的精神和百折不撓的毅力。

不管你的工作是怎樣的卑微，都當付之以藝術家的精神，當有十二分的熱忱。這樣，你就可以從平庸卑微的境況中解脫出來，不再有勞碌辛苦的感覺，厭惡的感覺也自然會煙消雲散。

常常有一些剛剛畢業的大學生抱怨自己所學的專業，試問：如果你所學的專業與個人的志趣南轅北轍，那麼，當初為什麼會選擇它呢？如果已經為你的專業付出了四年的時光甚至更多的時間，這說明你對自己專業雖然談不上熱愛，但至少可以忍受。

所有的抱怨不過是逃避責任的藉口，無論對自己還是社會都是不負責任的。想一下亨利·凱薩（Henry Kaiser）—— 一個真正成功的人，不僅因為冠以其名字的公司擁有 10 億美元以上的資產，更由於他的慷慨和仁慈，使許多的啞巴得到相應的治療，使許多身障者過上了正常人的生活，使窮人能以低廉的費用得到醫療保障等等，所有這一切都是由亨利的母親在他的心田裡所播下的種子生長出來的。

這位母親給了她的兒子無價的禮物 —— 教他如何應用人生最偉大的價值。他的母親在工作一天之後，總要花一段時間做志工性質的保母工作，幫助不幸的人們。她常常對兒子說：「亨利，不工作就不可能完成任何事情。我沒有什麼可留給你的，只有一份無價的禮物：工作的歡樂。」

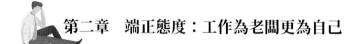

　　亨利說：「我的母親最先教給我對人的熱愛和為他人服務的重要性。她常常說，熱愛人和為人服務是人生中最有價值的事。」

　　如果你掌握了這樣一條積極的法則，如果你將個人興趣和自己的工作結合在一起，那麼，你的工作將不會顯得辛苦和單調。

　　工作不僅是為了滿足生存的需求，同時也實現個人人生價值，一個人總不能無所事事地終老一生，應該試著將自己的愛好與所從事的工作結合起來，無論做什麼，都要樂在其中，而且要真心熱愛自己所做的事。

　　成功者樂於工作，並且能將這份喜悅傳遞給他人，使大家不由自主地接近他們，樂於與他們相處或共事。人生最有意義的就是工作，與同事相處是一種緣分，與顧客、生意夥伴見面是一種樂趣。

　　有一句話是這麼說的：「只有透過工作，才能保證精神的健康；在工作中進行思考，工作才是件快樂的事。兩者密不可分。」

感恩他人，成就自己

作為企業的一員，員工應該心懷感恩，主動工作，積極做事，努力維護、建設和發展好企業這個環境。只有企業越來越好，員工才能有越來越多的機會；只有企業提供更大的發展空間，員工才能更快更好地實現自己的理想。

企業就像是一個得以生存的地方，它為我們提供工作環境、辦公設備、各種福利等，成就我們的事業，成就我們的價值和人生。離開了企業，離開了工作，我們連生存都會成問題。

工作是我們取得收入的主要來源，它提供給我們物質生活基礎。試想，如果沒有薪水和獎金，你的生活會變成什麼樣呢？

在一次世界錦標賽中，有位運動員止步八強，遺憾出局。記者問他：「你出局後做的第一件事是什麼？」他說：「我立刻打電話給我老婆，告訴她，我失敗了，叫她不要買房子，付不起錢。」

每一個企業他們都承擔著巨大的營運風險。因此，在這個環境中工作的我們，必須認真負責地對待自己的工作，以確保這個環境的良好運轉，不然，唇亡齒寒，企業破產之日，就是我們失業之時。因此，員工要懂得感恩，用努力工作來回報企業，這個支持我們生存和發展的環境。員工只要心懷感恩，無論在什麼職位都能實現人生的飛躍。

查理·貝爾（Charlie Bell）的成功就是很好的例子。

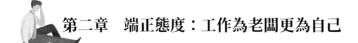

第二章　端正態度：工作為老闆更為自己

　　貝爾幼時家境極其貧寒，迫於生計，15歲的他到麥當勞求職。他找到麥當勞的店長，請求店長給他一份工作。當時的貝爾營養不良，瘦骨嶙峋，臉上沒什麼血色，穿著沒有搭配。店長看他這副模樣，委婉地拒絕了他，說暫時不需要人手，希望他到別的地方去看看。

　　過了幾天，貝爾又來了，言辭更加懇切，說只要能工作，即使沒有報酬也行。見店長沒有說話，貝爾感覺到了一點希望。他小聲說：「我看到廁所的環境衛生似乎不是很好，這樣也許會影響您的生意。不然，安排我掃廁所吧。只要解決我的吃住就行了。」店長被貝爾的真誠打動，就答應讓他先試三個月。

　　經過三個月的考察後，店長正式宣布錄用貝爾，並且安排他接受正規的職業培訓。接著，由於貝爾工作表現突出，店長又相繼把他安排在店內各個職位上進行鍛鍊。

　　19歲那年，貝爾被提升為澳洲最年輕的麥當勞店面經理。

　　1980年，他被派駐歐洲，那裡的業務扶搖直上。此後，他先後擔任麥當勞澳洲公司總經理，亞太、中東和非洲地區總裁，歐洲地區總裁及麥當勞芝加哥總部負責人，直到後來擔任管理全球麥當勞事務的執行總經理。

　　企業是員工的發展平臺，正是因為有了麥當勞這個平臺，貝爾從一名廁所清潔工起步，一路扶搖直上做到了麥當勞公司的執行總經理，管理這個世界上最大的餐飲公司之一。成功後的貝爾對麥當勞充滿感激之情，即使在他身患癌症後，也仍堅持著為企業工作了半年多。

　　現在的企業不僅提供給你舞臺，讓你從默默無聞的小輩做到了職場紅人，還為你提供展示才華、鍛鍊能力和發揮潛能的機會，讓你實現人生抱

負，拓展職業人生。

美國實業家約翰・洛克斐勒（John Rockefeller）曾經說：「工作是施展才華的舞臺。我們寒窗苦讀得來的知識、我們的應變力、我們的決斷力、我們的適應力及我們的協調能力都將在這個舞臺上展現……」

任何人離開了這個平臺，就如同演員離開了舞臺，再也無法施展自己的才華。

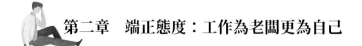

薪水不是工作的最終目的

工作當然是為了生計，但是比生計更可貴的，就是在工作中充分挖掘自己的潛能，發揮自己的才華，做正直的事情。

一些年輕人，當他們走出校園時，總對自己抱有很高的期望，認為自己一開始工作就應該得到重用，就應該得到相當豐厚的報酬。他們在薪水上喜歡相互攀比，似乎薪水成了他們衡量一切的標準。

但事實上，剛剛踏入社會的年輕人缺乏工作經驗，是無法委以重任的，薪水自然也不可能很高，於是他們就有了許多怨言。

也許是親眼目睹或者耳聞父輩和他人被老闆無情解雇的事實，現在的年輕人往往將社會看得比上一代人更冷酷、更嚴峻，因而也就更加現實。在他們看來，我為公司做事，公司付我一份報酬，等價交換，僅此而已。他們看不到薪水以外的東西，曾經在校園中編織的美麗夢想也逐漸破滅了。沒有了信心，沒有了熱情，工作時總是採取一種應付的態度，能少做就少做，能躲避就躲避，敷衍了事，以報復他們的老闆。他們只想對得起自己賺的薪水，從沒有想過是否對得起自己的前途，是否對得起家人和朋友的期待。

之所以會出現這種狀況，主要原因在於人們對於薪水缺乏更深入的認識和理解。大多數人因為自己目前所得的薪水太微薄，而將比薪水更重要的東西也放棄了，實在太可惜。

不要只為薪水而工作，因為薪水只是工作的一種報酬方式，雖然是最直接的一種，但也是最沒有遠見的。一個人如果只為薪水而工作，沒有更高尚

的目標，並不是一種好的人生選擇，受害最深的不是別人，而是他自己。

一個以薪水為個人奮鬥目標的人是無法走出平庸的生活模式的，也從來不會有真正的成就感。雖然薪水應該成為工作目的之一，但是從工作中能真正獲得的更多的東西卻不是裝在信封中的鈔票。

一些心理學家發現，金錢在達到某種程度之後就不再誘人了。即使你還沒有達到那種境界，但如果你忠於自我的話，就會發現金錢只不過是許多種報酬中的一種。試著請教那些事業成功的人士，他們在沒有豐厚的金錢回報下，是否還繼續從事自己的工作？大部分人的回答都是：「絕對是！我不會有絲毫改變，因為我熱愛自己的工作。」想要攀上成功之階，最明智的方法就是選擇一件即使酬勞不多，也願意做下去的工作。當你熱愛自己所從事的工作 時，金錢就會隨之而來。你也將成為人們爭搶聘請的對象，並且獲得更豐厚的酬勞。

不要只為薪水而工作。工作固然是為了生計，但是比生計更可貴的，就是在工作中充分發掘自己的潛能，發揮自己的才華，做正直的事情。如果工作僅僅是為了麵包，那麼生命的價值也未免太庸俗了。

人生的追求不僅僅只有滿足生存需要，還有更高層次的需求，有更高層次的動力驅使。 不要麻痺自己，告訴自己工作就是為了賺錢 —— 人應該有比薪水更高的目標。

工作的品質決定生活的品質。無論薪水高低，工作中盡心盡力、積極進取，能使自己得到內心的平安，這往往是事業成功者與失敗者之間的不同之處。工作過度輕鬆隨意的人，無論從事什麼領域的工作都不可能獲得真正的成功。

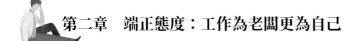

　　事業成功人士的經驗向我們揭示了這樣一個真理：只有經歷艱難困苦，才能獲得世界上最大的幸福，才能取得最大的成就；只有經歷過奮鬥，才能取得成功。

用心做好每一件事

每一件事都值得我們去做，而且應該用心地去做。羅浮宮收藏著莫內的一幅畫，描繪的是女修道院廚房裡的情景。畫面上正在工作的不是普通的人，而是天使。一個正在架水壺燒水，一個正優雅地提起水桶，另外一個穿著廚師服，伸手去拿盤子 —— 即使日常生活中最平凡的事，也值得天使們全神貫注地去做。

做什麼事情本身並不能說明自身的態度，而是取決於我們行動時的精神狀態。工作是否單調乏味，往往取決於我們做它時的心境。

人生目標貫穿整個生命，你在工作中所持的態度，使你與周圍的人區別開來。日出日落、朝朝暮暮，它們可能使你的思想更開闊，可能使其更狹隘？可能使你的工作變得更加高尚，或者變得更加庸俗。

每一件事情對人生都具有十分深刻的意義。你是砌磚工或水泥工嗎？可曾在磚塊和砂漿之中看出詩意？你是圖書管理員嗎？經過辛勤勞動，在整理書籍之餘，是否感覺到自己已經有了一些進步？你是學校的老師嗎？是否對按部就班的教學工作感到厭倦？也許一見到自己的學生，你就變得非常有耐心，所有的煩惱都拋到了九霄雲外了。

如果只從他人的眼光來看待我們的工作，或者僅用世俗的標準來衡量我們的工作，工作或許是毫無生氣、單調乏味的，彷彿沒有任何意義，沒有任何吸引力和價值可言。這就好比我們從外面觀察一個大教堂的窗戶。大教堂的窗戶布滿了灰塵，非常灰暗，光華已逝，只剩下單調和破敗的感覺。但

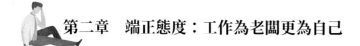

是，一旦我們跨過門檻，走進教堂，立刻可以看見絢爛的色彩、清 晰的線條。陽光穿過窗戶在奔騰跳躍，形成了一幅美麗的圖畫。

由此，我們可以得到這樣的啟示：人們看待問題的方法是有局限性的，我們必須從內部去觀察才能看到事物真正的本質。有些工作只從表象看也許索然無味，只有深入其中，才可能認識到其意義所在。因此，無論幸運與否，每個人都必須從工作本身去理解工作，將它看作是人生的權利和榮耀 ── 只有這樣，才能保持獨立性。

我們應該用心去做好每一件事。不要小看自己所做的每一件事，即便是最普通的事，也應該全力以赴、盡職盡責地去完成。小任務順利完成，有利於你成功掌握大任務。一步一腳印地向上攀登，便不會輕易跌落。透過工作獲得真正的力量的祕訣就蘊藏在其中。

把自己當作公司的老闆

如果你是公司的老闆，一定會希望員工能和自己一樣，將公司當成自己的事業，更加努力，更加勤奮，更積極主動。因此，當你的老闆向你提出這樣的要求時，請不要拒絕他。

絕大多數人都必須在一個機構中奠定自己的事業生涯。只要你還是某一機構中的一員，就應當拋開任何藉口，投入自己的忠誠和責任。一榮俱榮，一損俱損！將身心徹底融入公司，盡職盡責，處處為公司著想，對投資人承擔風險的勇氣報以欽佩，理解管理者的壓力，那麼任何一個老闆都會視你為公司的優秀員工。

有人說過，一個人應該永遠同時從事兩件工作：一件是目前所從事的工作；另一件則是真正想從事的工作。如果你能將該做的工作做得和想做的工作一樣認真，那麼你就一定會成功，因為你在為未來做準備，你正在學習一些足以超越目前職位，甚至成為老闆或老闆的老闆的技巧。當時機成熟，你已準備就緒了。

當你精熟了某一項工作，別陶醉於一時的成就，應該趕快想一想未來，想一想現在所做的事有沒有改進的餘地？這些都能使你在未來取得更多的進步。儘管有些問題屬於老闆考慮的範圍，但是如果你考慮了，說明你正朝老闆的位置邁進。

如果你是老闆，你對自己今天所做的工作完全滿意嗎？別人對你的看法也許並不重要，真正重要的是你對自己的看法。回顧一天的工作，捫心自問

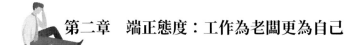

第二章　端正態度：工作為老闆更為自己

一下：「我是否付出了全部精力和智慧？」

把自己當作公司的老闆，你就會成為一個值得信賴的人，一個老闆樂於雇用的人，一個可能成為老闆優秀助手的員工。更重要的是，你能心安理得地沉穩入眠，因為你清楚自己已全力以赴，已完成了自己所設定的目標。

一個將公司視為己有並盡職盡責完成工作的人，終將會擁有自己的事業。許多管理制度 健全的公司，正在創造機會使員工成為公司的股東。因為人們發現，當員工成為公司所有者 時，他們的表現會變得更加忠誠，更具創造力，也會更加努力工作。有一條永遠不變的真理：當你站在老闆的角度考慮問題時，你就成為了一名老闆。

把自己當作公司的老闆，為公司節省花費，公司也會按比例給你酬勞。獎勵可能不是今天、下星期甚至明年就會兌現，但它一定會來，只不過表現的方式不同而已。當你養成習慣，將公司的資產視為自己的資產一樣愛護，你的老闆和同事都會看在眼裡。美國自由公司體制是建立在這樣一種前提之下，即每一個人的收穫與勞動是成正比的。

然而，在今天這種高度競爭的經濟環境下，你可能感慨自己的付出與受到的肯定和獲得的報酬並不成正比。下一次，當你感到工作過度卻得不到理想薪水、未能獲得上司賞識時，記得提醒自己：你是在自己的公司裡為自己做事，你的產品就是你自己。

假如你是老闆，試想一想你自己是那種你喜歡雇用的員工嗎？當你正考慮一項困難的決策，或者你正思考著如何避免一份討厭的差事時，反問自己：如果這是我自己的公司，我會如何處理？當你所採取的行動與你身為員工時所做的完全相同的話，你已經具有處理更重要事物的能力了，那麼你很快就會成為老闆。

學會發現老闆的亮點

　　要知道，老闆之所以成為我們的老闆，一定有許多我們所不具備的特質，這些特質使他超越了你。

　　任何人身上都可能擁有你所欣賞的人格特質。有一句話是這麼說的：「美存在於觀看者的眼中。」與我們平常所說的「我們在別人身上看到我們所希望看到的東西」不謀而合。每個人都是相當複雜的綜合體，融合了好與壞的感情、情緒和思想。你對他人的想像，往往奠基於自己對他人的期望之中。

　　如果你相信他人是優秀的，你就會在他身上找到好的特質；如果你不這樣認為，就無法發現他人身上潛在的優點；如果你本身的心態是積極的，就容易發現他人積極的一面。當你不斷提高自己，別忘了培養欣賞和讚美他人的習慣，認識和發掘他人身上優秀的特質。

　　看到他人的缺點很容易，但是只有當你能夠從他人身上看出好的特質，並由衷地欣賞他們的成就時，你才能真正贏得友誼和讚賞。

　　這個道理同樣適用於我們的老闆。然而，正由於他是老闆，我們並不能很容易就做到這一點。作為公司的管理者自然經常會對我們的許多做法提出意見，經常會否定我們的許多想法，這些都會影響我們對他做出主觀的評價。要知道，他之所以成為我們的老闆，一定有許多我們所不具備的特質，這些特質使他超越了你。

　　人生而就有缺陷，大多數人都有嫉妒之心，無法面對那些比我們好的人。這一點正是阻擋大多數人邁向成功的絆腳石。成功人士告訴我們，提升

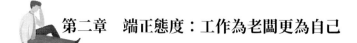

自我的最佳方法就是幫助他人出人頭地。當你努力地幫助他人時，人們一定會回報你。如果我們能衷心地欣賞和讚美自己的上司和老闆，當他們得到升遷，當公司得到成長時，一定對你會有所回報 —— 是你的善行鼓舞了他們這樣做。有許多意想不到的機會都來自於你發自內心對他人的欣賞和讚美，你在他們最需要的時候給予了他們精神上的支持。

也許你的老闆並不比你高明，但只要是你的老闆，就必須服從他的命令，並且努力去發現那些優越於你的地方，尊敬他、欣賞他、向他學習。如果我們都抱著這樣的心態，即使彼此之間有種種隔閡，有許多誤解，也會慢慢消解的。

在職時要讚美自己的老闆，離職後同樣也要說過去老闆的好話。一位曾經聘用過數以百計員工的管理者曾向我談起自己招聘人的心得：「面談時最能展現出一個人思想是否成熟，心胸是否寬大的關鍵，是他對剛剛離開的那份工作會說些什麼。前來應徵的人，如果只是對我說過去雇主的壞話，對他惡意中傷，這種人我是無論如何也不會考慮的。」

「也許一些人確實是因為無法忍受老闆的壓迫而離職的，」他繼續說，「但是聰明的做法應該是，不要去談論那些不愉快的舊事，更不要因自己所遭受的不公平待遇耿耿於懷。」

許多求職者以為指責原來的公司和老闆能夠提高自己的身價，於是信口開河，說三道四，這種做法看似聰明，實則愚蠢，其中道理不難理解。

所有的公司都希望員工保持忠誠，每個老闆都希望能吸引那些對公司忠誠不二的員工，而將那些過河拆橋的人拒之門外。如果今天為了謀取一份工作，而將原來的雇主說得一無是處，誰能保證明天不會將現在的公司批評得體無完膚呢？

對以前就職的公司和老闆做一些無傷大雅的評價未嘗不可，但如果這種評價帶有明顯的個人色彩，就可能變成一種不負責任的人身攻擊，就會引起現在老闆的反感。此外，許多公司和機構在招聘一些重要職位時，通常會透過各種手段、管道來了解應聘者在原公司的表現。世上沒有不透風的牆，當你的攻擊傳回原公司後，別人對你的評價就可想而知了。

這種「說以前老闆好話」的原則，也適用於生活的其他方面。

有一個人，打算與一位離婚婦女結婚，一切都已經安排就緒，忽然間，所有的計畫都改變了。為什麼呢？那個人這樣解釋道：「她總是一再談論前夫的各種醜事 —— 如何胡說八道，如何對她不公平，如何好吃懶做、不務正業等等，真的嚇壞我了。我想，應該沒有一個如此壞的人吧。如果我和她結婚了，不就成了她批評的對象了嗎？想來想去，於是決定取消婚事。」

有一位年過 40 歲的人，在最近的一次公司改組中失去工作。被解聘之後，他逢人就說自己所遭受的不公平待遇，他會告訴你整個公司上下一切都依靠他，而最後自己卻被人惡毒地扳倒了。

他訴苦時的表現使別人越來越不相信他，他被解聘是咎由自取。他是一個喜歡專講「過去時態語句」的人，而且只會說些不幸、恐怖、消極的事。如今，他依然失業中，如果這一點沒有徹底的改變，對他而言，失業的歲月會相當漫長。

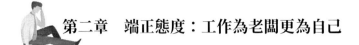

不要錯過向老闆學習的機會

我們向老闆學習，不是因為他是老闆，而是因為他的能力 —— 我們為自己能遇到這樣一位老闆而感到慶幸。

一個好的上司會讓你受用無窮。

張某曾經遇到過一個好上司，他告訴張某做生意的技巧，也教育張某經商時應注重的道德，對此張某十分感激。後來張某升職了，擔任了更重要的職務。然而，老闆對張某的器重，引起了其他人的嫉妒，隨之攻擊張某的流言蜚語也不斷傳出，說張某是老闆的跟屁蟲，處處模仿老闆才得以晉升的。這些為張某帶來巨大的壓力。

但是，冷靜下來仔細思考，其實也沒有什麼好擔心的。每個人從模仿中學習比從其他方式所學到的知識要多得多。大部分人會注意傾聽、觀察，然後模仿他人的言行舉止。你說話、走路的樣子，你的姿態、動作、表情可以說大部分是「抄襲」自你最親近的人。同樣，你的想法、處世哲學也大多都是從那些對你有影響的人 —— 父母、老師、老闆那裡學來的。

幾年前，張某的兩位學生分別來找他諮詢大學畢業的就業問題。他們都是很聰明的年輕人，讀書時成績都很好，興趣和愛好很相似，對於他們來說，有許多工作機會可以選擇。當時，張某的一位朋友創辦了一家小型公司，也正委託張某物色一個適合的人當助理，於是張某建議兩個年輕人去試試看。

他們兩個分別去應徵，第一位前去拜訪的名叫小劉，面談結束後他打電

話給張某，用一種厭惡的口氣對張某說：「你的朋友太苛刻了，他居然只肯給月薪 26,000 元，我拒絕了他。現在，我已經在另一家公司上班了，月薪 39,000 元。」

後來去的學生名叫小王，儘管開出的薪水也是 26,000 元，儘管他同樣有更多賺錢的機會，但是他卻欣然接受了這份工作。當他將這個決定告訴張某時，張某問他：「如此低的薪水，你不覺得太吃虧了嗎？」

小王說：「我當然想賺更多的錢，但是我對你朋友的印象十分深刻，我覺得只要能從他那裡多學到一些本領，薪水低一些也是值得的。從長遠的眼光來看，我在那裡工作將會更有前途。」

那是幾年前的事情了。第一位學生當時在另一家公司的薪水是年薪 468,000 元，目前他也只能賺到 23,000 美元，而最初薪水只有年薪 312,000 元的小王，現在的固定薪資是 38,000 美元，外加紅利。

這兩個人的差異到底在哪裡呢？小劉被最初的賺錢機會蒙蔽了，而小王卻在基於能學到東西的觀點來考慮自己選擇的工作。

我們經常為大多數人選擇工作如此盲目而感到驚訝。許多年輕人在選擇工作時都會問「月薪多少」、「工作時間長嗎」、「有哪些福利」、「有多少假期」，以及「什麼時候調薪」。

90% 以上的人都忽略了一項重要的因素，那就是「我要選哪些人成為我工作的導師？」

如果你發現自己的老闆無法教你更多的本領，無法幫助你達到預期的計畫，那麼你就應該毅然決然地離開。無論你想要成為一位偉大的音樂家，還是一個成功的演員，都要遵循同樣的原則。人無權選擇自己的父母，但是卻

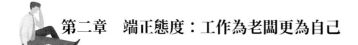

有權選擇自己的老闆。

　　與什麼樣的人交往，對個人的成長影響很大。長久地生活在庸俗的圈子裡──無論是道德上庸俗，還是品味上的庸俗──都不可避免地讓人走下坡路──我們應該努力地去接觸那些道德高尚和學識不凡的人。

　　每個人都會有自己崇拜的人。我們願意崇拜和學習那些離我們遙遠的偉人，卻往往忽略了近在身邊的智者，這一點在工作中展現得尤其多。也許是出於嫉妒，也許是由於利益的衝突，我們忽視了那些每天都在督促我們工作的老闆和上司──那些最值得學習的人。他們之所以成為管理我們的「牧羊人」，必然有我們所不具備的優勢。聰明人應該時常研究他們的一言一行，了解作為一名管理者所應該具備的知識和經驗。只有這樣，我們才有可能獲得提升，才有可能在自己獨立創業時做得更好。

　　不惜代價為傑出的成功人士工作，尋找種種藉口和他們共處，目的就是為了能多向他們學習。注意老闆的一言一行，一舉一動，觀察他們處理事情的方法，你就會發現，他們有著與普通人的不同之處。如果你能做得和他們一樣好，甚至做得更好，你就有機會獲得晉升。

　　有能力的人並不是有錢人，而是那些在人格、品行、學問、道德都勝人一籌的人。與他們的交往，你能吸收到各種對自己生命有益的養分，可以提高自己的理想，可以鼓勵你追求高尚的事物，可以使你對事業付出更多的努力。

　　想法與想法之間，心靈與心靈之間，有著一種巨大的感應力量，這種感應力量，雖無法測量，然而其刺激力、破壞力和建設力都是無比巨大的。如果你經常與那些無論是品行還是能力都在你之下的人混在一起，一定會降低你的志向和理想。

錯過了一個能夠與對我們有益處的人交往的機會，實在是一種莫大的不幸。只有透過與有能力的人交往，才可以思考成器。向一個能夠激發我們生命潛能的人學習，其價值遠勝於一次發財獲利的機會 —— 它能使我們的力量增強百倍。

　　除了自己的家人之外，老闆是與自己接觸最多的人，也是自己每天都面對的比自己優秀的人。所以，千萬不要錯過向老闆學習的機會。

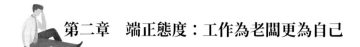

千萬不要做一個懶惰的員工

懶惰的人如果不是因為病了，就是因為還沒找到最喜愛的工作。沒有天生的懶人，人總是期待有事可做。由病中痊癒的人，總是盼望能下床，四處走動，回到工作位置上做點事 —— 任何事都可以。

懈怠會引起無聊，無聊也會導致懶散。相反，工作可以引發興趣，興趣則促成熱忱和進取心。

美國商人克萊門特・史東（Clement Stone）曾經說過：「理智無法支配情緒，相反，行動才能改變情緒。」選定你最擅長、最樂意投入的事，然後全力以赴，付諸行動！

許多人都抱著這樣一種想法，我的老闆太苛刻了，根本不值得如此勤奮地為他工作。然 而，他們忽略了這樣一個道理：工作時虛度光陰會傷害你的雇主，但受害更深是你自己。一些人花費很多精力來逃避工作，卻不願花相同的精力努力完成工作。他們以為自己騙得過老闆，其實，他們愚弄的只是自己。老闆或許並不了解每個員工的表現或熟知每一份工作的細節，但是一位有能力的管理者很清楚，努力最終帶來的結果是什麼。可以肯定的是，升遷和獎勵是不會落在玩世不恭的人身上的。

如果你永遠保持勤奮的工作態度，你就會得到他人的稱許和讚揚，就會贏得老闆的器重，同時也會獲取一份最可貴的資產 —— 自信，對自己所擁有的才能，贏得一個人或者一個機構器重的自信。

懶惰會吞噬人的心靈，使心靈中對那些勤奮之人充滿了嫉妒。

那些思想貧乏的人、愚蠢的人和慵懶怠惰的人只注重事物的表象,無法看透事物的本質。他們只相信運氣、機緣、天命之類的東西。看到人家發財了,他們就說:「那是幸運!」看到他人知識淵博、聰明機智,他們就說:「那是天分。」發現有人德高望重、影響廣泛,他們就說:「那是機緣。」

　　他們不曾親眼目睹那些人在實現理想過程中經受的考驗與挫折;他們對黑暗與痛苦視而不見,光明與喜悅才是他們注意的焦點;他們不明白沒有付出非凡的代價,沒有經過不懈的努力,沒有克服重重的困難,是根本無法實現自己的夢想的。

　　任何人都要經過不懈努力才能有所收穫。收穫的成果取決於這個人努力的程度,沒有機緣巧合這樣的事情存在。

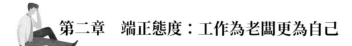 第二章　端正態度：工作為老闆更為自己

第三章

業績突出：一切憑業績說話

　　對於員工來說，你的工作業績最能證明你的工作能力，顯示你過人的魄力，展現你的個人價值。所以，要想成為企業的優秀員工，就必須用自己的成績去證明自己的能力和價值，必須對企業的發展有所貢獻，這樣你才會得到企業的重用，贏得上司的賞識。

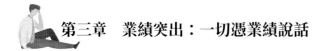

一切憑業績說話

在工作中，如果員工對於老闆交代的任務光說不做，只能得到一個「誇誇其談」的名聲，而這對於個人的發展是沒有任何好處的。一個企業的優秀員工必須懂得用行動和業績來證明自己的能力，而不僅僅是嘴上的誇誇其談。

業績是一個企業的生存之本，每一個企業都將注重業績作為自己企業文化的重要組成部分，而且把業績好壞用來當作評價員工的重要標準。任何一個企業營運的最主要目的，都是為了獲得盈利，使企業的發展越做越大。這是企業存在的根本。

工作不是說出來的，而是做出來的。用行動來證明，用業績說話，就沒有人可以質疑你，更沒有企業可以淘汰你，你就是最受公司歡迎的優秀員工。因此，我們應該以業績為導向，專注於行動過程，致力於提高自己的判斷力和行動力。

美國奇異公司（General Electric Company）非常重視對員工增加業績的培訓：

當新員工進入公司後，公司就會在員工的入廠教育中告訴他們，業績在公司文化和價值觀中占有非常重要的地位。而且，在奇異公司中，所有員工不管是來自哈佛大學，還是來自一所不知名的學校，也不管以往在其他公司有著多麼出色的工作經歷，一旦進入公司就是在同一起跑線上開始工作，每一個員工都必須重新開始，員工現在及今後的表現比他過去的經歷更重要，

衡量員工自身價值的是業績，是為公司所做的貢獻。

既能跟老闆風雨同舟，又業績斐然的員工，是最令老闆傾心的員工。假如你有出色的業績，你就會變成一位不可取代的重要人物；假如你總無業績可言，老闆想重用你也會猶豫，因為他不放心。

在國際商業機器公司（International Business Machines Corporation，簡稱 IBM）公司，每一個員工薪水的漲幅，都以一個關鍵的參考指標作為依據，這個指標就是個人業務的承諾計畫。制定承諾計畫是一個互動的過程，員工和部門經理坐下來共同商討這個計畫怎麼做更切合實際，幾經修改，達成計畫。當員工在計畫書上簽下自己的名字時，其實已經和公司立下了一個一年期的軍令狀。上司非常清楚員工一年的工作及重點，員工自己對一年的目標也非常明白，所要做的就是立即去執行。到了年終，部門經理會在員工的「軍令狀」上打分，這一評價對於日後的晉升和加薪有很大的影響。當然，部門經理也有個人業務承諾計畫，上級經理也會打他的分數。這個計畫的面向所有人的，誰都不例外，都必須按這個規則走。IBM的每一個經理都掌握著一定範圍內的打分權，可以分配他領導的小組的薪水成長額度，並且有權決定分配額度，具體到每個人給多少。IBM 的這種獎勵辦法很好地展現了其所推崇的「高績效文化」。

在這個以業績為主要競爭力的時代，沒有能力改善公司的業績，或者不能出色地完成本職工作的員工，是沒有資格要求企業給予回饋的，最終也將因自己的業績平平而面臨被淘汰的危機。因此，對於員工來說，工作必須以業績為導向。

業績是優秀員工的顯著標誌，沒有業績，再聰明的員工也會被企業淘汰。但是，出色的業績絕不是口頭上說說就能得到的。出色的業績需要人們

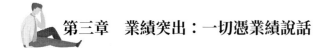

在工作的每一個階段，找出更有效率的方法；在工作的每一個層面，找到提升自己工作業績的重點。

具體來說，以下是提高業績的幾種簡單方法：

1・以人緣來促進工作

在一家企業裡，你是否能夠提升業績，除了自己的工作能力之外，與自己的人緣也有著很大的關係。社會是一個需要交際的社會，辦事能力與人緣有很大的關係。人緣好的人，在社會上的形象就好，人們對他的評價也高，找人辦事也容易得到同情、支持、理解、信任和幫助。所以，在你的提升業績計畫中，一定要考慮到你的人緣因素，根據人緣的好壞程度決定自己實現哪一種目標。

2・成為「做得不錯」的員工

所謂「做得不錯」，在這裡並不僅僅指做事盡力，它同時還包含著對其達到預期業績的能力的肯定。在現代企業裡，僅有工作熱忱、踏實是遠遠不夠，還必須要有完成工作、達到預期目標的能力。

的確，「他沒有其他的特長，不過很老實」，「那個人很老實，你就用他吧」，諸如此類的推薦語，如今已很難再讓人接受。俗話說：「同情、支持、誠實並不是技能。」假如認為一個人誠實就可以看守保險櫃，那是大錯特錯的想法。有一種觀點認為，讓一個小偷看顧保險櫃是最理想的安排。

3・在指定時間內完成工作。

有這樣一句話：「向效率要時間。」也就是說，較高的工作效率可以爭取到較多的時間；相反，浪費或者不善於安排時間，會出現工作效率低下的

現象。可見，時間與效率是相輔相成的。所以，你要在工作中提高自己的效率，在指定的時間內完成工作。

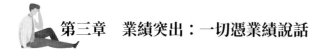

沒有業績一切都是空談

　　在現實工作中，業績是檢驗一切的標準，也是企業向良好方向發展的行為結果。因為任何一個企業營運的主要目的都是獲得盈利，使企業的發展越做越大，這是企業存在的根本；它同時也決定了企業要想長期發展，必須有一批能力卓越、忠心耿耿且業績突出的員工。有這些工作能力出色的員工，企業也會給予他們豐厚的回報

　　仁科（PeopleSoft）日本及亞太區人力資源管理（HCM）市場總監橫井由美子說：「二十多年前，一家公司資產的主要來源是有形資產，但是，二十多年以後這個比重已經顛倒過來了，主要來自於無形資產。這種價值展現的變化是源於整個市場經濟的轉移，尤以製造業為主體的工業經濟轉向知識型的經濟。越來越多的價值展現在公司或者一個組織的無形資產上，不僅僅包括自有的智慧財產權，還包括公司的品牌、顧客的忠實程度等。一份調查顯示，排在亞洲 CEO 們最關注的內容第一位是速度、靈活性和適應改變的能力，排在第二位的是創新和創業，而這些都是和員工的業績密切相關的。」可見，能帶來好業績的員工是公司最寶貴的財產。

　　阿力在某大型企業已經工作了十年，薪水卻沒有漲。有一天，他終於忍不住內心的不平，當面向老闆訴苦：「老闆，我沒有功勞也有苦勞，我在公司這麼多年，辛辛苦苦，同時也忠心耿耿，可是您卻並沒有注意到我的這些。」老闆說：「你的忠心的確無可辯駁，這也是我這麼多年沒有辭掉你的原因。現在，既然你提出來這個問題，我就指點你一下，你把自己的業績和別的員工

比較一下，尤其是那些能夠拿到高薪的員工，看看究竟有多少差距。然後，你端正心態，努力把業績提上去，我們再談薪水的問題。」

可見，業績是一個企業的生命，沒有業績的員工，無法為企業創造力利潤，自然也就沒有高收入。然而，在現代職場裡，有很多企業都把注重業績當作自己企業文化的重要組成部分，而且把業績觀當作評價員工薪水高低的重要標準之一。

因此，假如你在職場中屢屢遭受失敗的打擊，總是得不到老闆的重用，不妨靜心自省，你的業績是不是沒有達到最理想的狀態？假如答案是肯定的，那麼你就要努力把業績提升上去了。因為，一個人的工作業績最能證明他的工作能力，顯示他過人的魄力，展現他的個人價值；而且，透過績效考評的方式，業績的高低往往直接決定了他是否受到老闆的重用。沒有能力改善公司業績或不能出色地完成本職工作的人，不但沒有資格要求企業給予重用，還將因自己的業績平平而面臨被淘汰的危機。

當然，出色的業績絕不是口頭上說說就能得到的。出色的業績需要人們在工作的每一個階段，都能找出更有效率、更經濟的方法。在工作中的每一個部分，找到能提升自己工作業績的方法。

比如，你可以別人工作時間長一些。早一點起床，早點去上班，避開交通高峰；中午晚一點出去用餐，繼續工作，避開排隊用餐的人潮；晚上稍微留晚一些，直到交通高峰時間已過，再下班回家。如此一天可以比一般人多出2至3個小時的工作時間，而且不會影響正常的生活步調。善於利用這些多出來的時間，可以使你的生產力加倍，進而使你的收入加倍。一個成功的人，通常是一個行動派的人，一旦懂得提升生產力的方法，就要銘記在心，不斷地應用、練習，直到成為工作、生活的習慣為止。只要養成這個習慣，

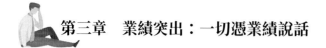

你的生產力一定會提高，薪水也會加倍。

　　總之，作為現代企業的一名員工，在工作過程中必須用自己的成績去證明自己的能力和價值，必須對企業的發展有貢獻，這樣你才能得到企業的重用，贏得老闆的青睞並成為一名優秀的員工。

為業績積極行動

在現代職場，不論何時，工作的成果永遠只能從行動中獲得，不可能透過空想而取得。所以，作為一名優秀的員工，想要取得好的業績，首先要行動，然後還要執著於自己鎖定的目標和結果。

美國總統西奧多‧羅斯福（Theodore Roosevelt）說：「那種靈魂只有五分熱度的人，一無是處，他們不會懂得偉大的奉獻情操，高度的榮譽感，堅毅的信念，崇高的熱情，不會懂得什麼是驚天動地的勝利與失敗。」執著於結果，是指要具有鍥而不捨的「不得結果不甘休」的工作動力。假如凡事總是一遇挫折就輕易放棄，那麼，是不會取得任何工作成果的。

噴墨技術目前已經全面占據低成本印表機市場的惠普公司（Hewlett-Packard Company，簡稱 HP），是全球最知名的印表機生產企業之一，其革命性的產品——「噴墨印表機」的研製成功，就是因其研製人員始終以「用行動求結果，並執著於結果」作為自己的工作理念，並堅決貫徹於自己的工作過程之中，透過積極行動、鍥而不捨地追求結果而最終成功獲得的產物。

在 1978 年的耶誕節前夕的夜晚，在著名的惠普公司的帕洛阿爾托研究實驗室裡，約翰‧沃特（John Vaught）和另外幾位工程師，剛剛完成了惠普公司的新雷射印表機的設計。

此時，他們開始討論：如果研製出一個新的機器，他們想要什麼？大家的一致意見是製造一臺至少每英寸 200 個點的高解析度的彩色噴墨印表機。

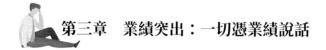

當然，在談論的時候，這樣的印表機還只是夢想。

於是，在 1978 年的聖誕假期裡，他們開始考慮如何實現在討論中所想像的噴墨印表機。由於沒有經驗，所以他們早期只是沿著一條和其他人走過的相同的路線，但是這種方法非常有局限性。他們經歷了一連串的失敗。這時，一些當初支持他們去實現夢想的人也不斷地勸他們放棄。

他們並沒有放棄，而是繼續嘗試著其他的方法。直到有一天，沃特建議，為什麼不嘗試加熱墨水呢？這一建議是噴墨列印技術的第一個突破。

他們在墨水中通電，透過墨水的電阻產生熱度。雖然這一點成功了，但是他們找不到一種方法能夠快地產生爆炸性氣體混合物，從而達到所需的每秒 2,000 滴的噴射率。面對失敗，他們沒有氣餒，而是繼續不停地尋找新方法。最後，沃特提議不用電極，而用一個電阻器加熱墨水。這是他們的第二個突破。

他們在管子的底部安裝了一個極小的電阻器，然後迅速地開關電流，他們成功地得到了所要的結果：墨水好像在輕微地爆炸。

就這樣，他們發現了一種把墨水噴到紙上的全新的方法。但是，這種創意並不能讓所有人都接受，且很少有人相信他們。即使這樣，他們也並沒有放棄這個裝置，依然展示給每一位來觀看的人。

而此時，一個更大的阻力出現了：他們的經理並不看好他們對噴墨印表機的研究，命令他們停下來去協助某博士做金屬蒸汽雷射的機械設計。所幸，到了 7 月底，這位博士離開惠普去了 IBM，他們得以再次繼續對噴墨印表機的研究；而且，他們的執著精神感染了其他人，吸引了新人的加入；同時，他們堅持研究的信念，也終於讓他們獲得了公司領導階層的高度關注和

重視，並得到了 25 萬美元的資金支持。

在接下來的時間裡，為了解決所有不得不克服的困難，從而製造出有實用價值和市場前景的噴墨印表機，幾百個人在不同的部門中都做出了不同尋常的努力。

終於，功夫不負苦心人。4 年後，噴墨印表機研製成功。1996 年，僅其可任意使用的噴墨墨水匣在全世界的銷售額就超過了 50 億美元。現在，惠普公司的噴墨技術已經全面占據了低成本印表機的市場。

可見一個好的想法的出現，是非常困難的。而且，好的想法也是非常容易夭折的，因為它往往只是一個人的靈光乍現。僅僅有了好的想法而不積極行動去實踐，那麼好想法就只是空想，永遠也不會成為現實。正如威爾·羅傑斯（Wil Rogersl）所言：「即使你走上了正確的道路，但如果坐著不動，也將會被歷史的車輪壓扁。」

實際上，在工作中每個人都會產生惰性，事情不急時處理，都愛拖著以後再做。但是，這種「以後再做」的想法，通常會使計畫落空，生活變得一片混亂，後悔、自責、煩躁的情緒也會隨之而來，從而影響了在工作上的進步，還容易由於混亂而不能發揮應有的能力，自然也就無法提高做事的效率。假如你想成為一名企業的優秀員工，那麼，你就必須改變拖延的惡習：

1 · 制定一個能勝任的工作或學習計畫

制定的計畫一定要是你能勝任的，時間也要放寬鬆一點，並要配合自己的作息習慣。這一步重要的點在於讓你有能力和信心堅持做成一件事，在事情成功後可以為你帶來愉悅感和繼續努力下去的動力。

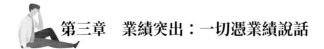

2．做好自我監督或讓他人幫助監督

當一天工作結束的時候，你不妨做一下自我總結，檢查一下自己的做事效率。同時，你可以把自己的計畫告訴別人，讓他人幫助監督，在自尊心的驅使下可以讓自己產生一定的壓力，促使自己按步執行計畫以按時完成。

3．做到「今日事，今日畢」

歌德說：「把握住現在的瞬間，從現在開始做起，只有勇敢的人身上才會賦有天才、能力和魅力。」富蘭克林也曾說：「把握今日等於擁有兩倍的明日。」

想要成為一名企業的優秀員工，你應該經常抱著「必須把握今日去做完它，一點也不可懶惰」的想法去努力行動，絕不要使自己變成一個懶惰成性、怠慢工作的員工，否則絕不會有任何企業和老闆會重用你。

不論你今天有多累，不論你明天的時間有多充足，不論你有什麼理由，假如你想盡快改掉自己做事拖延、不能立即行動的惡習，那就每天為自己列個做事清單，要求自己做到「今日事，今日畢」；絕不要為自己找各式各樣的藉口，拖拖拉拉的結果只會讓有待你處理的事情變得越來越多，身心越來越疲憊。

總之，「立即執行」、「立即行動」是一切成功的基礎，沒有什麼習慣比拖延更容易使人懈怠、減弱工作能力，也沒有什麼習慣比做事拖延對一個人事業上的成功更為有害。所以，每一個人都應培養自己良好的執行力，服從企業的制度，服從老闆的指令，從而為自己贏得更多的發展機會。

能力大小從業績裡展現出來

目前，在這個競爭無比激烈的時代，比的除了能力就是能力的表現。每個人都得靠能力來說話，靠能力的表現來贏得主管的器重。能力把人的差異越拉越大，能力的表現把人的真正潛能展現給每個人。

所以，我們一定要勇於讓自己「做得不錯」，「做得不錯」並不僅僅是指努力工作，同時它還包含著對其達到預期業績的能力的肯定。在日常工作裡，僅有工作熱忱、踏實是遠遠不夠的，還必須要有完成工作、達到預期目標的能力才行。

然而，還有一部分人，他們非常聰明，也有能力，他們上班時總喜歡「忙裡偷閒」，不是上班遲到、早退，就是在辦公場所嘰嘰喳喳，這些現象老闆或許看不到，但是他的工作業績卻是隱藏不了的，所以不受主管重用時，也就不要抱怨他為什麼不重用自己了。

丹尼爾所在的公關部原定只有七人，注定有一人遲早被裁，加上部門經理位置一直空缺，如此便導致了內部鬥爭日益升級，進而發展到有人挖空心思搶奪別人的客戶。丹尼爾不喜歡這樣的氛圍，他始終默默無聞，不願意做領頭羊。儘管論學歷、論工作態度、論能力和口碑，他都不錯，但他在總經理面前的業績表現一直是最差的，把他當作無能的人也是必然。

人事部提前一個月下達的辭退通知發給了丹尼爾，丹尼爾好像當頭挨了一記悶棍一般，半天也沒回過神來。他實在有點不甘心，但是同時也想明白了：沒有業績表現能力，是自己最大的缺點。

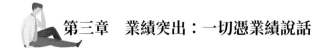

第三章　業績突出：一切憑業績說話

　　丹尼爾決定奮力一搏，機會終於來了。一個即將和公司簽約的大客戶提出要到公司來看看。這家客戶是一家大型合資企業，一旦和這家大客戶簽下長期供貨合約，全公司至少半年內衣食無憂。來參觀的人中有幾個是日本人，並且還是這次簽約的決策人物，這是公司沒有想到的。見面時，因雙方語言溝通困難，場面顯得有些尷尬。就在公司總經理感到為難之際，丹尼爾抓準時機地用熟練的日語與日本客人交談起來，為總經理救了場。丹尼爾陪同客人參觀，相談甚歡。他憑藉自己良好的表達能力和溝通能力，豐富的談判技巧和對業務的深入了解，終於順利地簽下了大單。

　　丹尼爾適時地把自己的能力表現出來，讓總經理對他大加讚賞。他在總經理心目中的分量也悄悄發生了變化。一個月後，他不僅沒有被辭退，薪水還漲了一倍。

　　可見，假如你不想成為那個被淘汰的人，或者不是那個可有可無的人，那麼就讓自己的能力以業績的形式顯現出來，讓老闆看到你的能力。

　　實際上，假如你有了能力，就可以橫行職場，無所顧忌，但是，如果你的這種能力只是隱形的，沒有人能看得到的話，那麼誰會知道你有能力呢？長久下去，連你自己恐怕也忘了自己是一個有能力的人了吧。

　　當然，那種只注重做表面功夫的思考方式是應該完全被摒棄的。我們不能命令老闆做什麼，也不要刻意在老闆面前表現所謂的能力，但我們有能力讓自己按照最佳的方式做事，有能力把自己的業績提高。用看得見的業績來說話，比那些圓滑諂媚的動作可靠、踏實，這才是真正的實力。

　　假如你沒有實力，即使你利用一些技巧獲得了老闆的歡心，那也只是暫時的。久而久之，老闆會認為你這個人太笨了，簡直無法扶持。一旦老闆這樣看你，那就你在公司裡就被判了終身監禁，難有出頭之日了。

所謂「實力」，是有才華、有能力，在工作中表現出色，能夠取得比別人更好的成績。也就是說，首先要能勝任某項任務，然後把他發揮出來，這就需要對自己完美的表現有信心。

任何一個企業的發展都是靠員工的工作來支撐的，所以，員工的工作能力與工作表現是一個企業的安身立命之本。做銷售的銷售能力強，就能賣出更多產品；做人力資源的能慧眼識千里馬，並能協調公司員工之間的關係，就能招聘與保留優質的人才；做技術開發的頭腦聰明，肯鑽研，就能開發出更先進的技術。歸根結底，在工作中，要憑本事、靠實力，靠人緣、關係也許能風光一時，但卻是脆弱的、經不起考驗的。

最後請記住，工作能力需要工作表現來展現。你的業績表上，不可以有半點謙虛，否則，「謙虛」在一定程度上就是謙卑的代名詞了，反映給老闆的就是你的無能。一定要勇於做出頭鳥，學會為自己喝采的時候，雖然可能因此而獲得一連串的攻擊，但是，你的能力卻無人敢藐視，同時也能為你帶來可觀的收入，除非你認為自己是真的無能。

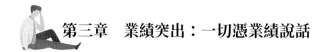

問題是自己的，業績是老闆的

不要用「這個問題還是你來解決」來掩蓋自己能力上的缺陷，問題最終能否解決是你的事情。

一位著名體育用品製造企業的總裁這樣說：「我要求我的員工在任何時間、任何地點接受公司的任務時，都要信心十足地說『這個就交給我吧，一點都沒問題』，而不是『這個問題太多了，您還是找別人吧。』這樣的員工第二天就會從公司消失。作為公司老闆，要的是業績，而不是替員工解決問題。」

正如這位總裁所說，老闆要的是業績，公司員工就該以此為己任，把問題留給自己，把業績拿給老闆。要求員工做一個問題的終結者，這反映的不僅是員工的能力，也是對公司絕對負責的表現。

做問題的終結者有利於我們提高工作效率和責任意識，充分發掘自身潛能，這樣我們才能將工作做到盡善盡美，從而創造出卓越的業績。

1985 年，年輕的布蘭達加入了聯邦快遞（FedEx Corporation），如今她是這家全球最具規模的快遞公司的一名高級客戶服務代表。

一天她正在值班，一陣急促的電話鈴響起，這個電話來自鳳凰城某醫學實驗室。對方說有兩個送往實驗室的羊水樣本還未送達，羊水來自兩個情況十分危急的孕婦，一旦時間延誤，羊水就會變質，這樣一來，兩位孕婦就必須再次忍受抽取羊水的痛苦。

放下電話後，布蘭達迅速查詢了羊水的運送情況，查詢的結果是，這兩件樣品就在附近的達拉斯市。她透過公司總部的遠端呼叫系統截住了運送羊水的汽車。按照實驗室的要求，為了確保羊水的安全，羊水必須保存在冰箱裡，但公司裡找不到現成的冰箱，布蘭達立刻趕回家中，將自己的小冰箱和備用電源搬上了汽車。

然後，她又緊急與達拉斯市聯邦快遞的空運經理取得了聯繫，當天晚上的十一點鐘，她坐上了空運經理安排的飛往鳳凰城的飛機。次日一早，實驗室人員準時看到了羊水樣品。布蘭達的付出得到了回報，實驗室後來告訴她，由於聯邦快遞運送及時，兩件羊水樣品完好無損，檢測資料非常精確。她救了四個人的命 —— 兩位年輕的媽媽和兩個可愛的小寶寶。

當實驗室人員問她為什麼這麼做時，布蘭達淡淡一笑，說：「這件事需要有人來做，剛好，當時我在那裡。」勇於做問題的終結者的人，展現出的是一種高度的責任感，一種為了做出業績不懼困難的堅定想法。然而，不是每個人都能做到這一點，不少人互相「踢皮球」，面對問題能推就推，能躲就躲。問題在相互推諉的過程中會由小變大，越來越嚴重，員工會在這些問題上浪費大量精力，錯失各種能為企業帶來業績的機會，也使自己的成長停滯。

所以，無論是就企業的發展而言，還是就員工的成長來說，面對問題敷衍了事，得過且過，抱著「自己做不了還有別人」的想法，那麼勢必會影響你的工作效率和品質，影響到你的前途。只有將問題留給自己，將業績呈交給老闆，你才能成為一個真正優秀的員工，從而受到老闆的青睞和提拔。

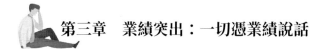

做一個業績突出的員工

如今，職場競爭日益激烈，老闆首先要考慮的是公司的生存與發展，阿諛奉承的話聽得再令人愉悅也比不上公司利潤的增加。所以，老闆心中最優秀的員工，一定是那些業績斐然的員工。

而任何一個成功老闆的背後，必定有一群能力卓越、業績突出的員工。假如你在工作的每一階段，總能找出更有效率、更經濟的辦事方法，你就能夠提升自己在老闆心目中的地位。你將會被提拔，會被實際而長遠地委以重任。因為出色的業績，已使你變成一位不可替代的重要人物。

小剛大學畢業後，在一家私營企業當業務員，這家企業主要的產品就是自行生產的遙控車庫門。

小剛在面試的時候就讓企業的老闆留下了深刻的印象，所以，給了他非常高的待遇，但是同時要求他要做到銷售第一。

這天，老闆把小剛叫到辦公室，給了他一份客戶資料並告訴他一定要在三天內把此單簽下來。公司先後已經有五位業務員找他談業務，但都被他拒絕了。小剛知道遇到難題了。

第二天，小剛來到了這家公司，見到了總經理。「你好，我是 XX 公司⋯⋯」還沒有等他說完，對方就不耐煩地擺擺手說道：「走開！我現在非常的忙！」表現得非常無禮。

小剛非常生氣，自己一個大學畢業生憑什麼受到這樣無禮的待遇？於是

他扭頭就走。可是，隨後他又有些不甘心，他又站住了，轉過身，重新來到總經理的辦公桌前，對他說道：「請問經理，你的公司有沒有像我這樣的業務員呢？」

這位經理看都沒有看小剛一眼，說道：「你這樣的業務員都是不合格的業務員，我的公司當然沒有了，我的業務員都是非常厲害的。」

「那麼請問你為什麼不用我這樣的業務員呢？」小剛忽然覺得，我一定要把這個大客戶的訂單拿到手，當銷售狀元。於是他繼續問道。

「因為你這樣的業務員是最無能的業務員，根本不能為我創造利潤，而且還要浪費我大量的時間，我當然不會用了。」他同樣回答著。

小剛聽到這位經理的話的時候，立刻有了銷售方法，他看著對自己不屑一顧的經理，彷彿自言自語道：「原來如此，如果我這樣回去了，就會被我的老闆辭退，因為我的老闆會跟你一樣不喜歡我這樣沒有能力的業務員。」

小剛的話果然有了功效，那位經理開始抬頭看他，小剛於是藉機對他說道：「為了證明我是一位優秀的業務員，同時也是為了不被像你這樣的老闆把我辭退，我們重新開始吧！」接下來，小剛和這位經理聊得非常開心，最後他和小剛簽訂了大額訂單。

小剛很快在公司裡得到了晉升。

如果你也想迅速在你的公司得到晉升，那麼唯一的辦法就是提升業績，直到成為第一。GE（美國奇異公司）公司向來都非常關注業績，其原總裁傑克‧威爾許（Jack Welch）提出的「No.1 or No.2」（數一數二）的口號，就是對此最好的詮釋。

一般情況下，一個企業每年發年終獎金的時候，那些業績好、利潤高的

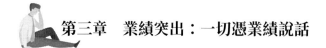

員工一定是年終尾牙的主角。鮮花、美酒，當然豐厚的獎金也是少不了的。很多世界級企業每到年終就會進行以業績為主的員工排序，排在前面的員工不用說一定會趾高氣揚，而排在後面的不但臉面無光，還隨時會有被老闆解雇的可能。這當然怪不得老闆，面對嚴峻的生存形勢老闆只能如此，因為一個企業要想長期發展，僅僅依靠員工的忠誠是不夠的。假如只有忠誠，而無業績可言，盡忠一輩子也不會有什麼起色，老闆想要用你也會猶豫，因為他不放心，更進一步講，受到利益的驅使，再有耐心的老闆，也難容忍一個長期無業績的員工。

　　實際上，不管你在公司的地位如何，不論你長相如何，不論你的學歷如何，如果你想在公司裡成長、發展、實現自己的目標，你都需要用斐然的業績來做保障。只要你能創造出業績，不管在什麼公司你都能得到老闆的器重，獲得晉升的機會。因為你創造的業績是公司發展的決定性條件。

為自己的業績而努力

要想成為企業最優秀的員工，最重要的一個要素就是，你必須時刻為提升個人業績努力。沒有一個公司喜歡墨守成規、不思進取的員工。改進自己的工作方法、改變自己的工作態度、積極提高個人業績是每個員工必須努力去做的事。因此，你必須具有主動改變、主動創新、主動進取的意識和能力。只有改變和創新才能實現工作效率和工作品質的提升。

1. 學無止境

不斷學習是一個員工成功的最基本要素。這裡說的不斷學習，是在工作中不斷總結過去的經驗，不斷適應新的環境和新的變化，不斷體驗更好的工作方法和效率。只有常懷一顆上進心，工作才能取得更高的成就，才能實現更完美的目標。

哈佛大學的學者們認為，現在的企業發展已經進入了第六階段 —— 全球化和知識化階段。在這個階段，企業變為一個新的形態 —— 學習型組織，在學習型的企業組織中，無論是分配給你一個緊急任務，還是反覆要求你在短時間內成為某個新專案的行家，善於學習都能使你在變化無常的環境中應付自如。

曾在一家大型跨國公司擔任銷售經理的阿文，三年來一直忙於日常事務，在與形形色色的客戶應酬中度過每一天。現在，他的下屬是一個透過自學拿到了管理碩士學位的人，學歷比他高，能力比他強，在多年的商戰中獲

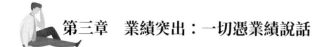

得了豐富的經驗，羽翼日漸豐滿，銷售業績驚人。在公司最近的外貿洽談會上，他以出色的表現，令一位眼光很高、很挑剔的大客戶讚嘆不已，也贏得了總裁的青睞，委以經理重任，而阿文則慘遭淘汰。

這些都是好學者成功的例子，他們在剛開始時也都做著一些普通的工作，沒有人注意他們，更沒有人會認為他們是自己的競爭對手。可是他們並沒有放棄，堅持學習，不斷地充實自己。上帝總是偏愛那些刻苦勤奮的人，不斷地努力付出總是會有回報的。

2. 努力勤奮

過去，有人問南非的高爾夫選手蓋瑞·普萊爾（Gary Player），為什麼他的球技如此高超，經常技冠群雄，而且揮桿的姿勢那麼完美，又遠又準？

蓋瑞回答：「我每天早上起床後，就拿起球桿不斷地揮，至少揮1,000次；當雙手流血時，就包紮好，再繼續揮桿！這樣，我連續練習了30年。」蓋瑞也反問對方：「你願意付出『每天重複一模一樣的動作1,000次』的代價嗎？」

今天，你對你從事的工作付出了多少的努力呢？如果你的業績比較差，最根本的原因就是你還不夠努力！

3. 懂得思考

在企業裡面，我們可以看到，並不是所有努力的人都能得到同樣的結果，更不是努力就一定能夠獲得好業績。對一名優秀的員工來說，僅僅努力是不夠的，還要懂得思考，要懂得不斷改進自己的工作方法。

在美國，年輕的鐵路郵務士佛爾曾經和千百個其他郵務士一樣，用陳舊的方法分發信件，而這樣做的結果，往往使許多信件被耽誤幾天或幾

週之久。

佛爾並不滿意這種現狀，而是想盡辦法改變。很快，他發明了一種把信件集合寄件的辦法，提高了信件的投遞速度。

佛爾升遷了。五年後，他成了郵務局幫辦，接著當上了總辦，最後升任為美國電話與電報公司的總經理。

是的，當誰都認為工作只需要按部就班做下去的時候，偏偏有一些優秀的人，會找到更有效的方法，提高效率，將問題解決得更好！正因為他們有這種找方法的意識和能力，所以他們以最快的速度得到了認可！

在工作中，我們要注意的一點是，不能只單純講究效率，忽視了工作的正確性。單純講究效率而忽視了工作的正確與否，等忙到推倒重來時，不論是時間還是金錢均已受到損失。所以，開始一項工作之前，務必想想此項工作的必要性和可行性，而不要盲目做事。有時也需要多徵求他人意見和仔細查閱相關資訊後再做重要的決定。

4. 創新變革

有這樣一則把梳子賣給和尚的故事。眾所周知，梳子是用來梳頭髮的，而和尚沒有頭髮，怎麼會買梳子呢？很多推銷梳子的人都會被這個思考模式困住，都打了退堂鼓，一把梳子也沒有賣出去。可甲、乙、丙三位先生卻都有了自己的銷售業績。甲僅賣出了 1 把，乙則賣出了 10 把，而丙先生竟然賣出了 1,000 把。他們（尤其是丙先生）成功的祕訣是什麼呢？

甲先生說，他一連跑了六座寺院，受到了無數和尚的臭罵和追打，但仍然不屈不撓，終於感動了一個小和尚，買了一把梳子。

乙先生說他去了一座名山古寺，由於山高風大，把前來進香的善男信女

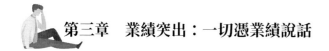

的頭髮都吹亂了。乙先生便找到住持，說：「蓬頭對佛祖是不敬的，應在每座香案前擺一把木梳，供善男信女來梳頭。」住持認為有理。那廟裡共有 10 座香案，於是住持買下 10 把梳子。

丙先生來到一座很有名望、香火極旺的深山寶剎，對那裡的方丈說：「凡來進香者，都有一度誠之心，寶剎應有回贈，保佑他們平安吉祥，鼓勵他們多行善事。我有一批梳子，您的書法超群，可刻上『積善梳』三字，然後作為贈品。」方丈聽完大喜，立刻買下 1,000 把梳子。

在這個故事中，甲先生的執著固然令人感動，但丙先生的智慧更令人敬佩。出色地完成任務不僅僅需要鍥而不捨的精神，更需要創新的思維。只有不斷創新，才能不斷提高工作能力。

創新和變革是解決工作困境、解決前進困難的最為有力的武器，再強大的困難在創新面前也會變得不值一提。所以，要想擺脫工作困境，使個人及整個公司順利發展，就必須積極地轉變思考方式，從一個全新的角度，用一種全新的辦法來應對困難，這樣才能取得最好的效果。

創新可以幫助所有的人成就輝煌、卓越晉升。只要保持對創新的熱衷，很快就能成為最受老闆青睞的人，好的機會也就會隨之而來。值得注意的是，創新應該隨時隨地進行。很多人認為創新是一種「極端」的手段，只有在「極端」的情況出現時才有必要使用。事實上，正是這種對創新的誤解，才使他們被貼上了因循守舊的標籤，並注定了平庸的命運。創新不是什麼「極端」的手段，也不是非要等到情況不可收拾時再進行。創新就是尋找新的方法，改進現有工作方式中的不足和缺陷，所以應該是隨時隨地進行的。

5. 自我改進

　　每天早晨，下定決心，力求自己把工作做得更好，比昨天有所進步。當晚上離開辦公室、離開工廠或其他工作場所時，一切都應安排得比昨天更好。這樣做的人，在業務上一定會有驚人的成就。

　　「今天，我們應該改進我們工作的哪裡？」

　　如果你能在工作中把這句話當作自己的格言，它就會產生巨大的作用，如果你隨時隨地地要求自己不斷改變、不斷進步，你的工作能力就會達到一般人難以企及的高度。

　　人的身體之所以能保持健康活潑，是因為人體的血液時刻在流動更新。同樣，作為公司的一名員工，只有不斷地從學習中吸收新想法，不斷地提升自己的思考能力，才能夠在工作中獲得不斷改進的方法。

　　如果不斷改進成為一種習慣，將會受益無窮。一名不斷改進的員工，他的魄力、能力、工作態度、負責精神都將會為他帶來巨大的收益。

　　一桶乾淨的水，如果放著不用，不久就會變臭；一個經營良好的公司，如果故步自封就會逐漸地衰退。每個員工在每天的工作之中都要有所改進。這種自我超越的創新精神，是每個人成就卓越的必要修煉。

　　只有經常自我改進、自我超越的人，才會警覺到自己的無知及能力的不足，才能不斷地發展自我、完善自我，向成功的目標邁進。

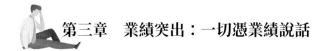

優秀的員工只追求結果

在工作中，許多員工僅僅強調「完成了工作任務」，而忽略了「工作最終的完成情況」。

實際上，完成任務並不等於工作取得了理想的結果。工作要的是結果，結果是一切工作的要務。一個優秀的員工追求的不是工作的過程，而是工作最後得到的結果，沒有業績的結果一切付出都是枉然的。

珍妮、瑪麗、蘇姍是同一批進入某行動通訊公司的員工，但是，在試用期過後，她們的薪水卻大不相同，珍妮是 52,000 元，瑪麗是 42,000 元，而蘇姍只有 26,000 元 —— 比在試用期時僅僅多了 2,000 元。

大衛是三個人的老闆，他的一位朋友知道這件事情後，感到非常好奇，便向大衛詢問其中的緣由。大衛說道：「在企業中，薪資始終是與員工工作的結果有關的。」見朋友還是不明白，大衛又說：「我現在讓他們三人做相同的事情，你只要看她們的表現就會明白了。」

於是，大衛叫來了她們三個人，然後對她們說：「現在請妳們去調查一下我們的競爭對手 A 公司新手機產品的價格、功能、品質以及目前在市場上的銷售情況，而且這些資料妳們都要詳細地記錄下來，在最短的時間內給我最滿意的答覆。」

一個小時後，三個人同時回到了公司。

蘇姍先做了匯報：「那家公司有我的一個同學，他非常願意幫助我，明天

給我結果。為了保證明天一定能拿到結果，我準備今天晚上請他吃飯，您放心，明天一定可以給您答覆。」

接著，瑪麗將自己了解到的 A 公司新手機產品的價格、功能、品質以及目前市場上的銷售情況都給了大衛。

輪到珍妮的時候，他重複報告了關於 A 公司新手機產品的功能、價格、品質以及目前在市場上的銷售情況，但不同的時，他同時還遞交了 A 公司在市場上同樣具有競爭力的其他型號的手機產品的相關詳細情況。」

此時，大衛微笑著看向朋友說：「你看，她們三個人做同樣的工作，但有的人只是對工作的程序負責，而有的人雖然完成了任務卻缺乏多做出成果的主動性，而那些能拿到更高薪水的員工卻是對結果負責的人，她是在對自己工作的價值負責。正是由於她們對於工作結果的不同對待，才造成了她們在薪資上的較大差異。」

這時，大衛的朋友若有所思地點了點頭。

結果是保證企業的發展符合計畫的要求。員工做得好不好，看成果，是賞是罰也得看成果，而不看過程，總之是要以成敗論英雄。因為企業不是慈善機構，企業要生存，要發展，這都離不開最後的結果，企業要在結果中得到利益，沒有最終的利益，一切都是白費。

作為一名企業的優秀員工，在工作中一定要樹立「業績是一切工作的要務」的工作理念，要想方設法去實現企業以及自己的目標，為企業創造效益；而不只是機械式地完成工作任務，置工作成效於不顧。所以，當事情都做完了，你有一千、一萬個理由都不重要，重要的是這件事情的結果。沒有結果的努力，是沒有作用的；沒有結果，意味著我們將回到起點，一切都要從

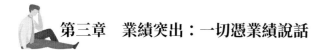

零開始。

　　總之，如果你要成為一個優秀的員工，那麼就要記住，工作永遠都只有一個重點:工作最重要的是追求有業績的結果，而不僅僅是完成任務的過程！

第四章
忠誠無價：請把忠誠放在心裡

　　忠誠是職場中最值得重視的美德，只有所有的員工對公司忠誠，才能發揮出團隊的力量，才能團結一致，共同推動企業走向成功。一個公司的生存依靠少數員工的能力和智慧，卻需要絕大多數員工的忠誠和勤奮。所以要想成為一名企業優秀的員工，就要記得把忠誠放在心裡。

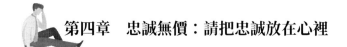

忠誠是一種職業生存方式

　　在當今這樣一個競爭激烈的年代，謀求個人利益、實現自我價值是天經地義的事。但是，遺憾的是很多人沒有意識到自我實現與忠誠並不是對立的，而是相輔相成、缺一不可的。許多公司的員工以玩世不恭的態度對待工作，他們頻繁跳槽，覺得自己工作是在出賣勞動力；他們蔑視忠誠，將其視為老闆剝削、愚弄下屬的手段。

　　現代管理學普遍認為，老闆和員工是一對矛盾的統一體，從表面上看起來，彼此之間存在著對立性 —— 老闆希望減少人員開支，而員工希望獲得更多的報酬。但是，在更高的層面上，兩者又是和諧統一的 —— 公司需要忠誠和有能力的員工，業務才能進行；員工必須依賴公司的業務平臺才能獲得物質報酬和滿足精神需求。因此，對於老闆而言，公司的生存和發展需要員工的忠誠；對於員工來說，豐厚的物質報酬和精神上的成就感離不開公司的存在。

　　老闆在用人時不僅僅看重個人能力，更看重個人品格，而品格中最為關鍵的就是忠誠度。在這個世界上，並不缺乏有能力的人，那種既有能力又忠誠的人才是每一個企業渴望的理想人才。人們寧願信任一個能力差一些卻足夠忠誠的人，而不願重用一個朝三暮四、視忠誠為無物的人，哪怕他能力非凡。

　　如果你忠誠地對待你的老闆，他也會真誠對待你。不管你的能力如何，只要你真正表現出對公司有足夠的忠誠，你就能贏得老闆的信賴，成為老闆

的優秀助手。

對老闆忠誠並不是口頭上的，而是要用努力工作的實際行動來展現。我們除了做好分內的事情之外，還應該表現出對老闆事業成功的支持，不管老闆在不在身邊，都要像對待自己的東西一樣照看好老闆的設備和財產。另外，我們要認可公司的運作模式，由衷地佩服老闆的才能，保持一種和公司一同發展的事業心。即使出現分歧，也應該樹立忠實的信念，求同存異，化解矛盾。當老闆和同事出現錯誤時，坦誠地向他們提出來。當公司面臨危難的時候，和老闆風雨同舟。

也許你的上司是一個心胸狹隘的人，不能理解你的真誠，不珍惜你的忠心，那麼也不要因此而產生反抗情緒。你的上司是人，所以難免也有缺點，也可能因為太主觀而無法對你做出客觀的判斷，這個時候你應該學會自我肯定。只要你竭盡所能，做到問心無愧，你就在不知不覺中提高了自己的能力，爭取到了未來事業成功的籌碼。

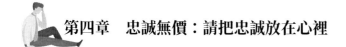
忠誠比金子更珍貴

　　忠誠是一種強大的精神力量，是一種非凡的人格特質，它使人有自尊，讓人感到滿足。成敗往往在一念之間。一個人可以努力地約束自己去做個利人利己的好人，也可以放任自己，隨波逐流。

　　生命不能沒有忠誠，不忠誠的人必定不是一個值得託付的人。集體力量的增強，人生日益豐富多彩，事業的成就感，工作成為一種理所當然的享受，這在相當程度上有賴於對公司的忠誠，對老闆的忠誠，以及和同事的齊心協力，同舟共濟。而那些整日在背後說長道短、搬弄是非的人，最終將被自己所孤立。老闆不會器重他，同事不願和他來往，升遷的機會也會不斷失去。

　　對一個企業來說，普通員工要有責任心，中層員工不僅要有責任心，還需具備上進心，高層員工則不但要適應公司的規畫，還要以公司為家，盡心盡責地為公司工作。所以，職位越高，忠誠度的要求也越高。對公司越忠誠，公司也必將更為器重你。

　　一天下午，在日本東京某百貨公司的電器部，銷售員正在彬彬有禮地接待一位欲買CD播放器的女顧客。銷售員按她的要求為她認真挑了一臺未開封的「索尼」牌CD播放器，她滿意地付帳離去。

　　顧客走後，銷售員在清理貨品時發現，剛才錯將一個空心的機器樣品賣給了那位女顧客。於是趕緊向公司報告。警衛四處找那位女顧客，但卻不見蹤影。經理覺得此事非同小可，關係到顧客和公司信譽的大問題，於是馬上

召集有關人員研究尋找的辦法。當時他們只知道那位女顧客是一位美國的記者，叫基泰絲，還有她留下的一張「美國快遞公司」的名片。據此僅有的線索，百貨公司的公關部連夜開始了一連串近於大海撈針的尋找。

先是打電話，向東京各大旅館查詢，毫無結果。後來又打長途電話向紐約的「美國快遞公司」總部查詢。美國那邊也展開了「緊急調查」。接近凌晨他們才望眼欲穿地接到美國那邊的電話。在得知基泰絲父母在美國家裡的電話號碼後，他們馬上打國際長途電話到了基泰絲的父母家。老人以為女兒出了什麼大事，剛開始很緊張。聽完日方善意的「調查」後，很感動，愉快地將基泰絲在東京的住址和電話號碼「透露」給他們。幾個人整整忙了一夜，國際國內總共打了 35 次緊急電話。

為了表示歉意，他們一大早便打了道歉電話給還未睡醒的基泰絲。幾十分鐘後，百貨公司的副經理和提著新 CD 播放器的公關人員趕到了基泰絲的住處。

兩人進了客廳，見到基泰絲就連連鞠躬致歉。他們除了送來一臺新的、合格的「索尼」CD 播放器外，又加送了一張 CD、一盒蛋糕和一套毛巾。接著副經理便打開了記事簿，宣讀了他們從發現問題到怎樣通宵達旦查詢她的地址及電話號碼，並及時糾正這一失誤的全過程紀錄。

這時，基泰絲深受感動。她坦率地陳述了買這臺 CD 播放器，是準備作為見面禮送給東京外婆家的。回到住所後，她打開 CD 播放器試用時發現，CD 播放器沒有裝機心，根本不能用。當時，她火冒三丈，覺得自己上當受騙了，立即寫了一篇題為《笑臉背後的真面目》的批評稿，並準備第二天一早就到百貨公司興師問罪。沒想到，他們及時糾正失誤如同救火，為了一臺 CD 播放器，花費了這麼多的精力，使基泰絲深感敬佩。待他們走後，她馬

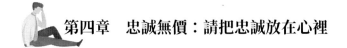

上重寫了一篇題為《35 次緊急電話》的特稿。

《35 次緊急電話》稿件見報後，這間百貨公司也因此名聲鵲起，門庭若市。後來，這個故事被美國公共關係協會推薦為世界性公共關係的典範案例。

那些忠誠的人，不管能力如何，都會得到老闆的重視，到任何地方都可以找到自己的位置。而對那些朝秦暮楚的人，對那些只管個人得失的人，即使他的能力無人可比，也不可能被老闆器重。

在公司的經營運作中，要用大智慧來做決策的大事畢竟很少，而需要腳踏實地去落實的小事卻很多。少數人的成功靠的是智慧和勤奮，而絕大多數人靠的是忠誠和勤奮。

忠誠於企業，從某種意義上講，就是忠誠於自己的事業，忠誠是每個人的立身之本，現代社會無論在什麼情況下，講究的一定是忠誠，或忠於事業，或忠於愛情，對個人而言，或忠於自己的理想，或忠於信念、嚮往。忠誠的最大受益人不是別人而是自己，只有忠誠才能把事情做好，對自己負責。

忠誠展現在工作主動、責任心強、工作品質高等多方面，更重要的是，忠誠是不求回報的。忠誠不是阿諛奉承，它不求回報，沒有其他的私心。很多人，如果說他對雇主的忠誠不足，他會這樣辯解：「忠誠有什麼用呢？我又能得到什麼好處？」忠誠並不是為了增加回報的籌碼，如果是這樣，那就不是忠誠，而是交換了。

查理曾去某家大公司應聘部門經理，公司老闆告訴他說先要試用三個月。但是，使他意想不到的是，老闆竟把他放到商店做銷售員。一開始，查

理不能接受，但最終他還是熬過了試用期。後來，他搞清楚了老闆把他調到基層去的原因：他剛開始時對行業不熟悉，不了解公司的內部情況，只有從最簡單的事做起，才能全面了解公司，熟悉各種業務，而且，試用期拿的是部門經理的薪水。

試用期後，他正式就任部門經理，帶領員工做出了突出的業績，為公司的發展做出了巨大貢獻。六個月後，由於業績出眾，查理獲得了升遷。查理在處理公司事務時遊刃有餘，一年之後，由於總經理調走了，他也自然而然地成了總經理。回首往事，查理十分感慨：「當初從銷售員做起，我之所以沒有抱怨，在於我知道這是考驗，他想以此觀察我的忠誠。現在老闆對我十分信任。」

忠誠是人類最重要的美德。那些忠誠於老闆、忠誠於企業的員工，都是努力工作，不找任何藉口的員工。在本職工作之外，他們積極地為公司獻計獻策，盡心盡力地做好每一件力所能及的事。而且，在危難時刻，這種忠誠會顯現出它更大的價值。能與企業同舟共濟的員工，他的忠誠會讓他達到我們想像不到的高度。

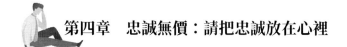

公司興亡，我有責任

　　紐約某著名的紡織品公司就將自己的公司比喻成一條冰海裡的船。在這個公司，無論是辦公室、會議室，還是生產作業間的牆壁上，到處都可以看到這樣一幅畫，畫上面就是一條即將撞上冰山的輪船，在畫面下方寫著一行十分醒目的字：「只有你，才能挽救這條船。」這間公司多年來都經營得很好，員工待遇也相當高，是什麼原因？就是因為這個公司所有員工一直以來都與公司禍福與共。他們都知道，掌握公司命運的不僅僅是董事長，不僅僅是董事會成員，也包括他們自己。

　　一個公司，只有每個人都能做到「公司興亡，我有責任」，這樣的公司才能真正取得勝利，並且能夠永遠領先於別人。如果公司的每個員工都能主動負責，天下哪有不興盛的公司？哪有不團結的組織？所以，身為優秀的員工的你，就應該義無反顧地堅持這麼一個信念。

　　在這間公司裡，如果有個辦公室很髒，經理問：「怎麼回事？」假如有個員工站起來：「報告，今天麥克值班，他沒有打掃環境。」那麼，這個員工是要被立即解雇的。員工會這樣說：「對不起，經理，這是我的責任。」然後馬上去打掃。這才是教育，不是把責任推出去，而是攬過來。

　　優秀的員工都要努力告訴自己「公司興亡，我有責任」這樣的想法。任何一個公司不可能每件事情都有規定的人員來做，一旦發生什麼變故，身為優秀的員工的你應該要能負起責任來。因為，只要是有益於公司的事情，就會是有益於自己的事情。

不要洩露公司的商業機密

　　現在的企業在用人時，通常將道德和才能放在了一樣重要的地位。不論一個人的能力有多強，他如果不誠實，人品不好，那也是萬萬不能用的。嚴守公司的祕密，是身為員工的基本行為準則。機密關係到公司的成敗，關係到上司的聲譽與威望。身為員工一定要牢記禍從口出的道理，對保密做到守口如瓶。嚴守祕密，是身為員工取得上司信任的重要一環。

　　如果一個員工鬆懈了，說話隨便，說了不該說的話，有意或無意地洩露了公司的祕密，那麼，輕則會使上司的工作處於被動，帶來不必要的損失；重則會讓公司整體上造成極大的傷害，造成不可挽回的影響。這是員工對上司的一種極不負責的態度，勢必會使上司在各個方面處於不利。這樣的事，即使發生一樁，也會使上司難堪，對你留下不好的印象。所以，事關公司機密，員工一定要處處以公司的利益為重，處處嚴格要求自己，做到慎之又慎。

　　現代企業的競爭越來越激烈，為了不給競爭對手以可乘之機，每家公司都很看重自己的商業機密。但是任何一家公司都難以保證其每一位員工都能做到嚴守公司祕密。現實中，不可避免地會出現員工洩露自己公司商業機密的情況。有的是因為粗心大意導致洩密，有的是因為員工缺乏商業機密的相關知識而在無意中洩密，有的則是員工由於經不住各種誘惑而惡意出賣公司的機密。如果說是前兩種情況導致公司機密洩露，還有情可原的話，那出於個人私利而惡意出賣公司的商業機密，則關係到員工的品德問題。那家公司

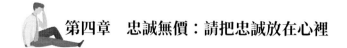

第四章　忠誠無價：請把忠誠放在心裡

和老闆也不希望看到這樣的員工出現在自己的公司。

李某是一家大公司的技術部經理，能說會道，且做事果斷，有魄力，老闆很倚重他。有一天，一家公司的一個負責人請他到酒吧喝酒。幾杯酒下肚，那負責人對李某說：「我想請你幫個忙。」「幫什麼忙？」李某很奇怪地看著這個並不是很熟悉的那個公司負責人問道。

那負責人說：「最近我們公司和你們公司在談一個合作專案。如果你能把相關的技術資料提供一份給我，這將會使我在談判中占據主動地位。」「什麼，你讓我做洩露公司機密的事？」李某皺著眉頭，顯然這對他來說有些為難。

那位負責人壓低聲音說：「你幫我的忙，我是不會虧待你的。如果成功了，我給你 300 萬元的報酬。還有，我會為這件事情保密的，對你不會有一點影響。」說著，那負責人就把 300 萬元的支票遞給了李某。

在之後的談判中，李某所在的公司非常被動，導致損失很大。事後，公司查明了真相，辭退了李某。本來在公司可以大展宏圖的李某不但失去了工作，就連那 300 萬元的賄賂金也被公司追回以賠償損失。李某後悔不已，但為時已晚。許多公司知道了這件事，誰也不願意聘用他。

其實李某以前公司的老闆很欣賞他的才華，還想著要培養他，但這件事情發生後，儘管他很為李某的才華感到惋惜，但顯然公司是不可能再讓李某待下去了。為了一己私利，洩露公司機密，是一種背叛公司、背叛自己的行為。這種行為讓自己留下了汙點，將自己的職業生涯籠罩上一層難以抹去的陰影。

當一個人失去了忠誠，連同一起失去的還有尊嚴、誠信、榮譽以及個人

真正的前途。作為一名員工，應該時刻牢記自己的角色，你要為公司爭取利益，而不是為自己。只有公司「發達」了，你才會跟著「發達」，千萬不能越位。

現在職場上的人大都有這樣的苦惱，那就是他們一些關係非常要好的朋友會從他們那裡打聽他們公司的一些祕密，他們往往很為難，處理不好就會陷入尷尬的境地。相信美國前總統羅斯福的故事可以讓他們從中得到啟發。

美國前總統羅斯福曾經就任美國海軍助理部長。有一天，他的好朋友來拜訪他。聊天時朋友問起海軍在加勒比海一個島嶼建立基地的事。「我只要你告訴我……」這位朋友說，「我所聽到的有關基地的傳聞是否確有其事？」朋友要打聽的事在當時是不便公開的，可是，如何拒絕是好呢？羅斯福望看了看四周，壓低聲音向朋友問道：「你能對不便外傳的事保守祕密嗎？」「能！」好友連忙答道。「那好！」羅斯福微笑著說，「我也能！」 羅斯福把這樣的事處理得多麼巧妙而又得體。

競爭的激烈也是導致洩密事件發生的原因，有些企業的老闆為了達到打敗對手的目的，可能會利用一些誘惑來誘使對手公司的人背叛自己的公司，進行非正常的競爭。他們往往會許以重金，或者是誘人的高職位，但等他的願望實現後，他肯定不會將之前的許諾兌現，因為他也一樣會懷疑你一旦進入公司，以後同樣會做出出賣公司利益的事情。許多人容易被這樣的誘惑打動，而失去做人的原則，他們以為自己能夠因此而得到比原來更多的，但實際上他失去的會更多，而且永遠也找不回來了。

在誘惑很多的今天，人很容易背叛自己的忠誠而出賣別人或公司，而能夠守護忠誠的就顯得更加可貴。堅持自己的忠誠，需要鑑別力也需要抵抗誘惑的能力，並能經得住考驗。當你忠誠於你所在的企業時，你所得到的不僅

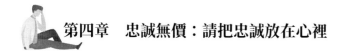

僅是企業對你更多的信任，還會有更多的收益。

　　一個不為誘惑所動、能夠經得住考驗的人，不僅不會失去機會，相反會贏得機會，還有別人的尊重。做一個有職業道德的人，最起碼的一點，就是要保守公司的祕密，這是對每一個員工的要求。所以，這個行動從工作一開始就要做到。

把公司利益放在第一位

古語有云：「修身，齊家，治國，平天下。」我們身為公司中的一份子，維護公司利益就是一個員工必須恪守的基本職業道德。維護公司的利益應該是「修身」的重要組成部分。

一個優秀的員工首先應該把公司利益放在第一位，無論何時何地，都要最大限度地維護公司的利益。只有那些時常將公司利益置於首位的人才會贏得老闆的賞識，才能夠得到更多的晉升機會與更大的發展空間。

現代企業生存發展的競爭力是以企業文化為基礎的，職業道德與員工素養恰恰是企業文化的重要組成部分。因此，維護公司利益已經成為判斷和衡量員工的基本準則。事實上，任何一個企業都不會容忍那些背叛公司的行為。對於那些出賣公司利益換取競爭對手一點點回扣的人，即使是在對手那裡也得不到尊重，反而會使對方事事提防著你。

身在職場，要守住公司和老闆的祕密。不該問的不問，不該說的不說，公司的各種事情都不可以隨便張揚，絕對守口如瓶。

有家公司因一家敵對公司業務的很多而煩惱，但想不出制服對手的良策。終於，對策有了！他們想方設法尋找關係，接近對手公司的一名倉庫主管，讓其暗中出賣商業機密。這個主管在利益的驅使下，利令智昏，把自己公司的庫存數量、貨品結構、價格策略一一洩露。幾經交手，商界風向大變，原本生意興旺的公司，節節敗退，最後元氣大傷而倒閉。另一家瀕臨倒閉的公司，卻起死回生，反敗為勝。可見，一個不忠誠的蛀蟲，股掌之間就

101

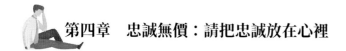

能將一個公司毀了。

唐某是一名工程師，在業界小有名氣。2007 年，唐某離開了原本的公司，準備進入一家新的實力更加雄厚的公司工作。由於新公司與原公司業務相似，新公司經理面試他的時候，要求他透露一些他在原公司開發專案的情況，但唐某馬上回絕了這個要求。理由很簡單：「儘管我離開了原來的公司，但我沒有權利背叛它，現在和以後都是如此。」

第一次面試就這樣不歡而散。但出人意料的是，唐某卻收到了錄用通知，上面清楚地寫著：

「你被錄用了，因為你的能力與才華，還有我們最需要的 —— 維護公司的利益。」

由此可見，維護公司利益應該是無條件限制的。比如已經離開公司的唐某，在關乎職業生涯的關鍵時刻也沒有放棄這一原則，這反而成就了他的職業生涯。

維護公司利益應展現在員工職業生涯的每個階段、每個方面。這個原則是無條件的，只有恪守這個準則的員工才能成為被老闆認可的員工，才能贏得信任與尊重，才能獲得事業與人生的成功。

從某種程度上來說，不能維護公司利益的員工是相當可怕的，特別是那些身居要職而又居心不良的領導者。假如唐某向新的公司洩露了原來公司的一些至關重要的事務，那麼，對原公司就是一筆巨大的損失，甚至會直接影響到公司的發展。

也就是說，像這種直接參與了公司的經營決策、了解公司的商業機密的人，他們的某些行為甚至可能直接影響到企業的生存和發展。因此，一個公

司所器重、所相信的員工，往往都是那些可信賴的維護公司利益的人。

同時，能夠維護公司利益的員工，往往都具有強烈的榮譽感。員工是企業的代言人，員工的形象在某種程度上就代表了企業的形象。員工在任何時候都不能做有損企業形象的事情，這也是一個員工最基本的職業準則。就像你不願意讓別人傷害你的形象一樣，你也不容許別人傷害企業的形象。

有榮譽感的員工，他們會顧全大局，以公司利益為重，絕不會為個人的私利而損害公司的整體利益，甚至為了公司的利益不惜犧牲自己的利益。他們知道，只有公司夠強大，自己才能有更大的發展。事實上，有這樣想法的員工才有可能被真正地委以重任。往往是那些有集體榮譽感的員工，才真正知道自己需要什麼，企業需要什麼。沒有集體榮譽感的員工是不會成為一名優秀的員工的。具有集體榮譽意識的人，在任何一個團隊中都會受歡迎。

事實上，只要我們努力地去工作，熱情地去投入，工作同樣會賦予我們榮譽。在爭取榮譽、創造榮譽、捍衛榮譽、保持公司榮譽的過程中，我們個人也不知不覺地融入到集體之中，得到更好的發展。

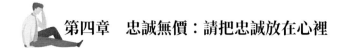

為公司節約每一分錢

　　每一個員工，都要在工作和生活中提高成本意識，養成為公司節約每一分錢的習慣。節儉實際上也是為公司賺錢。

　　無論公司是大是小，是富是窮，使用公物都要節省節儉，出差辦事，也絕對不能鋪張浪費。節約一分錢，等於為公司賺了一分錢。就像富蘭克林說的：「注意小筆開支，小漏洞也能使大船沉沒。」所以不該浪費的一分也不能浪費。

　　一位年輕人到一家公司應聘。當他走進辦公室時，看到門邊有一張白紙。出於習慣，年輕人彎腰撿起白紙並把它交給了前檯小姐。結果，在眾多的應聘者中，這位年輕人戰勝了其他比他條件更好的人，成了這家公司的正式員工。

　　後來，公司董事長在分配給他任務時說：「其實那張白紙是我們故意放的，那是對所有應聘者的一個考驗，但只有你通過了。只有懂得珍惜公司最細微的財物的員工，才能為公司創造財富。」

　　這位年輕人後來果然為公司創造了巨大的經濟效益。

　　事實上，一個從小處著眼為公司著想的人，肯定能在其他的方面為公司著想，這樣的人當然也就是能為公司賺錢的人。一個具有成本意識、處處維護公司利益的人才是老闆願意接受的人。

　　19 世紀石油巨頭眾多，最後卻只有洛克斐勒（Rockefeller）獨領風騷，

其成功絕非偶然。相關專家在分析他的創富之道時發現，精打細算是他取得成就的主要原因。

洛克斐勒踏入社會後的第一個工作，就是在一家名為休威‧泰德（Hewitt & Tuttle）的公司當簿記員，這為他以後計算數字的生涯打下了良好的基礎。由於他勤懇、認真、嚴謹，不僅把本職工作做得井井有條，還有幾次在送交商行的單據上查出了錯誤之處，為公司節省了數筆可觀的支出，因此深得老闆的賞識。

後來，洛克斐勒擁有了自己的公司，他更加注重成本的節約，提煉每加侖原油的成本也要計算到小數點後的第 3 位。他每天早晨一上班，就要求公司各部門將一份有關淨值的報表送上來。

經過多年的商業洗禮，洛克斐勒能夠準確地查閱報紙上來的成本開支、銷售以及損益等各項數字，並能從中發現問題，並以此來考核每個部門的工作。

1879 年，他質問一個煉油廠的經理：「為什麼你們提煉一加侖原油要花 1 分 8 厘 2 毫，而東部的一個煉油廠做同樣的工作卻只要 9 厘 1 毫？」他甚至連價值極微的油桶塞子也不放過，他曾寫過這樣的回信：

「……上個月你匯報手頭有 1,119 個塞子，本月初送去廠裡 10,000 個，本月廠裡使用 9,527 個，而現在報告剩餘 912 個，那麼其他的 680 個塞子去哪裡了呢？」

現實生活中，有一些員工沒有成本意識。他們對於公司財物的損壞、浪費視若無睹，讓公司白白遭受損失，自然也使公司的開支增加，成本提高。

如今一些大公司提倡這樣的節約精神：節約每一分錢，每一分鐘，每一

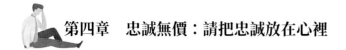

張紙，每一度電，每一滴水，每一滴油，每一塊煤，每一克材料……

很多公司對紙張的使用都有嚴格的要求。例如：在印表機和影印機旁一般都設有三個盒子，一個是盛放新紙的，一個是盛放用過一面留待反面使用的，另一個才是盛放兩面都用過可以處理掉的。如果用過一面的紙張不便於用作列印或複印，可以簡單裝訂起來作為草稿紙，或者用於財務報銷時貼發票，總之一定可以另找其他用途，不可隨意廢棄。

在中午的休息時間或辦公區長時間無人時，需自覺關掉電燈及電腦螢幕等。如果在中午時間你到一家公司，發現裡面燈光黯淡，電腦也似乎沒有開機，不要擔心，這一定是吃飯和午休時間，辦公室的人們也許正在公司的餐廳或樓下咖啡廳裡享受生活呢！

有的公司規定一次性紙杯只能供客人使用。在公司開會時，經常可以看到客人一側是清一色的紙杯，而公司員工這一側則是風格各異的瓷杯或玻璃杯。這是因為很多公司宣導環保節約的理念，即使這樣的小細節，也規定得特別詳細。

從小事做起，從自己做起。老闆們這樣做的目的，都是希望員工頭腦中有一個簡單卻至關重要的概念，那就是每一個公司的成員都有責任盡力幫助公司賺錢。一旦員工的頭腦中形成節約這個概念並習慣於這樣做以後，一定會有效果。

一個員工，只有有了替公司賺錢的責任感，才會付諸行動，去為公司賺錢和省錢。

危難時刻檢驗你的忠誠

員工只有與公司共患難，才可能與公司一起成長；只有抓住機會證明自己的忠心與稱職，老闆才會感受到你的忠誠，你才能有發展的機會。

在現代公司，並不缺乏卓爾不群的人，而是缺少能與公司共患難的人。所有的現代公司都在努力尋找這樣的人。

福特公司（Ford Motor Company）作為世界 500 強公司之一，之所以能夠成長為世界一流的公司，正是因為其始終擁有一批世界一流的員工在和自己一起奮鬥，與公司共患難。

1956 年，美國福特汽車公司推出了一款新車。這款汽車樣式、功能都很好，價錢也不貴，但是很奇怪，汽車的銷量一般，比公司所預想的還要差。

公司的高層非常著急，這樣的銷量連成本都收不回來，他們想了很久都找不到提高汽車銷量的好辦法。這時，在福特汽車銷售量居全國末位的費城地區，一位畢業不久的大學生，對這款新車產生了濃厚的興趣，他就是艾柯卡。

艾柯卡起初只是福特汽車公司的一位見習工程師，與汽車的銷售毫無關係。但是，公司總經理因為這款新車滯銷而著急的神情，卻深深地印在他的腦海裡。他開始思考：我能不能有辦法讓這款汽車暢銷起來？終於有一天，他靈機一動，有了一個好辦法。他快速來到經理辦公室向經理提出了一個創意，即在報紙上登廣告，內容為：「花 56 元買一輛 56 型福特。」

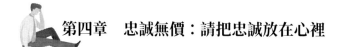

第四章 忠誠無價：請把忠誠放在心裡

這個創意的核心是：誰想買一輛1956年生產的福特汽車，只需先付20%的貨款，餘下部分可按每月付56美元的辦法逐步付清。

公司經理覺得他這個方法很棒，於是便採用了。結果，創意所帶來的效果很好，「花56元買一輛56型福特」的廣告人人皆知。「花56元買一輛56型福特」的做法，不但打消了很多人對車價的顧慮，還給人們以「每個月才花56元，實在是太划算了」的印象。

在隨後的短短3個月中，該款汽車在費城地區的銷售量，就從原來的末位一躍而成為全國的冠軍。艾柯卡也因此得到了老闆的重用，被破格調到華盛頓總部，並被委任為地區經理。此後，每當公司面臨重重危機之時，艾柯卡總是能夠挺身而出，為福特作出了巨大貢獻。不過，當時的福特汽車公司董事長卻排擠艾柯卡，這使艾柯卡處於兩難的境地。但是，艾柯卡卻說：「只要我在這裡一天，我就有義務忠誠於我的公司，我就應該為我的公司盡心竭力地工作。」

儘管後來艾柯卡離開了福特汽車公司，但他仍然很欣慰自己為福特公司所做的一切。對此，他說：「無論我為哪一家公司服務，忠誠都是我的一大準則。我有義務忠誠於我的公司和員工，到任何時候都是如此。」

艾柯卡的故事給予我們這樣的啟示：能與公司共患難，主動幫助公司解決問題的人，最容易在人才濟濟的職場之中脫穎而出，得到高薪的職位和公司的賞識。

公司的成長就像個人的成長一樣，都不是一帆風順的。誰都希望自己所在的公司能夠不斷發展壯大，但是，一個公司在發展的過程當中，難免會陷入困境。而此時，正是考驗員工忠誠度的最佳時機。

俗話說：「疾風知勁草，烈火煉真金。」在關鍵時刻如果你能夠堅守在自己的位置上，為公司獻計獻力，為老闆排憂解難，幫助公司順利度過難關，公司和老闆就會因你的忠誠表現而信任你。雖然處於困境中的公司不能馬上為你提供更為豐厚的條件，但一旦公司度過危機，它便會給予你更高的回報。

實際上，你所在的公司就是一條航行於驚濤駭浪中的船，每一個員工都是船上的水手；一旦上了這條船，員工的命運就和公司的命運緊緊拴在一起了，它需要所有的員工全力以赴把船划向成功的彼岸。但是，在很多員工的眼裡，似乎從來沒有把公司發展當成自己的責任，而是想方設法去謀取更多的薪水。一旦公司出現困難、陷入困境的時候，便會另謀出路。這樣的員工謀取到的只是一份可以生存的工作，永遠難以在一生中取得任何成就，實現自己的抱負和人生價值，甚至還會因缺乏忠誠而失去工作的機會。

總之，員工只有與公司共患難，才可能與公司共同成長；只有抓住機會證明自己的忠心與稱職，老闆才會感到你的忠誠，給予你更多的報酬與器重。公司的危難是檢驗忠誠的最佳時機。與公司共患難，永遠是員工忠誠於公司的最好行動。

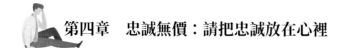

對公司忠誠就是忠誠自己的事業

忠誠是人類最重要的美德之一。忠實於自己的公司，忠實於自己的老闆，與同事們風雨同舟、共赴艱難，將獲得集體的力量。這樣的人的人生就會變得更加豐富，事業就會變得更有成就感，工作就會成為一種人生享受。

現代企業生存發展的競爭力是以企業文化為基礎的，職業道德與員工素養恰恰是企業文化的重要組成部分。因此，維護公司利益已經成為判斷和衡量員工的基本準則，很難想像哪個公司能夠容忍背叛公司的行為。對於那些出賣公司利益換取競爭對手一點點回扣的人，即使是在對手那裡也得不到尊重，反而會使人家事事提防著你。職業道德與人格是密不可分的，做事先做人，一個人格不健全的人是很難獲得成功的，純粹的利益分享只是暫時的，獲得別人認可的前提是認同自己的行為。

員工缺乏忠誠度，頻繁地跳槽，直接受到損害的是公司，但從更深層的角度來看，對員工的傷害更深。無論是個人資源的累積，還是所養成的「這山望著那山高」的習慣，都使員工的自身價值有所降低。這些人對自己的內心需求沒有認真地反思，對自己奮鬥的目標沒有清晰地認知，自然無法選擇自己的發展方向。不忠誠的員工的一個直接表現就是跳槽。他們的離職經常非常瀟灑的就完成了，但是他們以後的日子卻不能繼續瀟灑下去。

對事業、公司的忠誠一旦養成，就會累積成職業責任感和職業道德。而這些是任何一個公司任何一個老闆都最需要的。你擁有了這些品格，無論你到什麼地方都會獲得老闆的看重，所以你就永遠也不會失業。

另外，一個員工是否以公司為家，以公司的事業為自己的事業，其所能做出的成績和發揮出來的潛能是不大一樣的。心甘情願來做事，本來的平庸之人也會努力學習，不斷進步，關鍵時刻甚至能超常發揮；對公司沒有歸屬感，隨時準備跳槽的人，其神思必定恍惚，其用心必定不專，即便能力出眾，也很難發揮一二。

　　如果你能忠誠地工作，就能贏得老闆的信賴，從而給予你晉升的機會，並委以重任。在這樣一步一步前進的過程中，你就不知不覺提高了自己的能力，爭取到成功的籌碼。

　　忠誠於公司，從某種意義上講，就是忠誠於自己的事業，就是以不同的方式為事業做出貢獻。忠誠展現在工作主動、責任心強、細緻周到地體察老闆和上司的意圖。

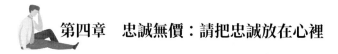

第四章　忠誠無價：請把忠誠放在心裡

第五章
執行到位：執行不打折扣

　　執行到位是職場人士最基本、也最重要的職業素養，是成為優秀員工的基石。一項工作，做還是不做，取決於決策，但能不能做好，主要取決於執行。所以說，只有認真有效地去執行，才能把決策變成實踐，才能把任務變成行動，才能把工作做好、做到位，才能成為一名企業優秀的員工。

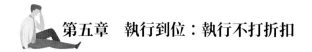
具有較強的執行力

執行力，用一句簡單的話來概括就是，保證質量地完成自己的工作和任務的能力。在上司提出工作的任務和要求後，如果能保證質量地完成它，就叫做有執行力。

個人執行力的強弱，關鍵取決於自己是否有正確的工作思路和方法，是否有良好的工作方式和習慣，是否熟練掌握工作和做事的相關執行工具，是否有執行的做事風格與性格特質。

具有較強執行力的人，懂得更明智、更靈活、更有效地工作，他知道有系統的、有方法的工作是把能力轉化為結果和成就的關鍵。

具有較強執行力的人總是會圍繞自己的主要業務編排自己的工作計畫（每月的工作計畫、每週的工作計畫、每日的工作計畫）；他總是能很好地區分事情的輕重緩急，能根據自己的工作時間非常具體地安排工作進度。具有較強執行力的人對事情輕重緩急的處理是這樣的：先做重要且緊急的事，然後做重要但不急的事，接下來去做不重要但比較急的事，最後做不重要也不急的事，懂得明智、靈活、有效、合理地工作，從而提高工作效率，並把工作做得更好。

具有較強執行力的人總是能很好地處理電話、手機、訊息、電子郵件，能有效地運用它們，同時又不會讓它們輕易地打擾自己的工作，特別是自己在開會、寫方案的時候，不會讓它們干擾、打斷思考。

具有較強執行力的人會把所有的報告和報表檔案都處理得井井有條。他

善於利用會議和工作報告來了解情況並布置工作。

具有較強執行力的人總是能把自己的工作場所、檔案資料、電子檔處理得很好，不雜亂，隨時都可以很快地找出想要的東西；還能把自己的工作經驗、靈感、心得隨時寫到活頁資料夾中歸類保存，隨時拿出查看。

具有較強執行力的人懂得隨時調整自己的工作狀態，他掌握了這樣一個工作流程。

- **工作任務**：工作內容、工作量、工作要求和目標。
- **做事的目的**：這件事情是否有必要自己親自去做，做這件事情的目的是什麼。
- **分工**：這件事由誰或哪些人去做，他們分別承擔什麼工作任務。
- **工作切入點**：從哪裡開始入手，按什麼程序去做，到哪裡終止。
- **工作進度**：工作步驟對應的工作日程與安排。
- **方法工具**：完成工作必須用的工具以及工作方案的助力。
- **工作資源**：完成工作需要哪些資源和條件，分別需要多少。
- **工作結果**：工作結果預測，及對別人的影響與別人的評價或者感受。

具有較強執行力的人在執行的時候，他能掌握相關的資訊；在工作中發現問題或者預計到問題後會深入到工作中去，實際了解工作的進展情況；他對外界環境的變化資訊也掌握得很好，並做出適當的安排；他能很好地掌握其他人的動態和心理狀況；他能監督專案工作開展狀況；最後還能處理突發事件以及意外場面的控制。

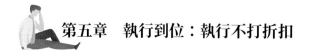

用行動詮釋執行力

　　不要用可怕的結果嚇唬自己或是嚇唬別人，首先要捲起袖子去做事。只有這樣才知道結果是否真的很可怕，經驗表明，95%以上的可怕猜測會因為實際做事而自然消失。

　　邁出第一步是很重要的，但更重要的是在邁出第一步之前就下定決心，用行動而不是用害怕和猜疑去面對事實。如果行動受到猶豫遲疑的阻礙，哪怕是一丁點的小任務也不會圓滿地完成。

　　某間公司的執行長有一次問管理階層的員工：「怎樣才能讓石頭在水面上浮起來？」有人答：「把石頭挖空。」有人答：「幫石頭綁上木塊。」……對這些回答，執行長搖了搖頭。有一個人回答：「用很快的速度擲出去 —— 打水漂可以讓石頭浮起來。」執行長深表贊同地點點頭。它想透過這個提問讓管理階層的員工明白：排除猶豫、快速行動是公司制勝的關鍵。

　　面對工作任務時，有的人會在計劃好之後立即開始行動，以行動來檢驗最後的結果。然而也有另外一些人，卻對此很猶豫，在他們的腦海中會毫無根據地出現各式各樣的結果。於是他們便開始退卻，開始想著用編造的結果來敷衍上司。這樣的人組成的團隊將是一個沒有積極性、無法創新的團隊，因為他們害怕的就是開始新的工作，他們無法面對未知的因素。一個成功的公司就是建立在成功的員工團體之上的。永遠記住一點，在面對任務、工作時，每個員工的實際行動才是公司成功的起點。

　　羅賓是某家保險公司的董事長和總經理，但在她剛進入這家公司的時

候，她不過是一個小小的員工而已。她工作起來非常的積極勤奮。當然這一切都被上司看在眼裡。漸漸地，她獲得了一個新員工所能夠獲得的中級職位。一天，公司的行銷部經理找到她並與她談了一次。原來，公司看到了她在工作中的勤奮和努力，希望她能去負責安大略省的保險業務！這是一個天大的好機會，然而也是一個很大的難題和挑戰！因為之前，她從來沒有以一個省份的保險負責人的身分工作過，而現在這項工作又意味著整個公司在安大略省的長遠發展。這樣重大的責任，讓她猶豫了。「我能夠做好這項工作嗎？萬一失敗了怎麼辦？」這樣的念頭不時出現在她的腦海裡。然而真正讓她轉變想法的是她的一位舞蹈老師安德韋，安德韋對她說：「妳真的想去做嗎？如果是的話，在開始之前請不要畏懼任何東西，不敢開始的人永遠只能淪於平庸。」做一個無畏的人，這就是她真正決定動手去做時的最簡單的想法。她克服了自己之前存在的膽怯，堅定了把新任務做好的決心。她在新事業上投入了最大的精力，最終上帝沒有辜負勇敢而努力的人。

在面對自己的夢想，面對自己的工作任務時，也許會有很多人勸阻你，你也可能會面對很多的問題與疑慮，但是，你首先要勇敢地放棄種種毫無意義的害怕與懷疑。邁出第一步是很重要的，但更重要的是在邁出第一步之前就下定決心，用行動而不是用害怕和猜疑去面對事實。如果行動受到猶豫遲疑的阻礙，哪怕是一丁點的小任務也不會圓滿地完成。當公司員工以這樣的工作狀態出現時，他將不會有任何建樹。

現代公司間的競爭實際上就是員工的勇氣和膽識的競爭。要造就一個真正優秀的公司必須擁有真正優秀的員工，這一點毋庸置疑。在世界 500 強排名中的某家美國百貨公司的員工手冊裡的第一句話就是：「戰勝恐懼，勇敢前行！」在這裡，員工們都被訓練成為充滿自信、勇敢去做的人。在這家

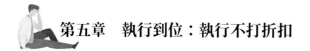

公司裡，大家信奉這樣一條原則：在真正行動之前，不要自己嚇倒自己。正是這樣的信條，使得這樣一家無論在資金還是銷售網路上都無法與沃爾瑪（Walmart Inc）等巨頭相比的零售公司，能夠在競爭激烈的零售行業立足至今。一個由眾多勇於開創的員工組成的公司將是在未來興起的公司。

養成「立即執行」的工作習慣

世界鋼鐵大王安德魯‧卡內基（Andrew Carnegie）以果斷的執行力而聞名。有一次，一位年輕的支持者向卡內基提出了一項非常大膽的建設性方案，在場的人全被吸引住了，它顯然值得考慮。當其他人正在思考這個方案、進行討論的時候，卡內基突然把手伸向電話並立即開始向華爾街打電報，以電文形式陳述了這個方案。

在當時，打一封電報顯然花費的價錢不菲，但 1,000 萬美元的投資專案正是因為這個電文得以簽約。試想一下，如果卡內基先生也和大家一樣只是熱衷於討論而不付諸行動，這項方案極可能就在小心翼翼的漫談之中而錯過時機了。

有很多人都折服於卡內基的辦事能力，羨慕他所取得的巨大成功，但是，卻很少有人意識到卡內基的成功源自他在長期訓練中養成的「立即執行」的做事風格。實際上，多數知名企業也是因其能夠積極地進行行動與實踐而成功的。

1974 年 6 月 28 日，現代集團（Hyundai Group）創始人鄭周永為他的現代造船廠舉行了一次非常隆重的竣工典禮，同時也為該船廠的第一批產品舉行了命名儀式。從 1972 年 3 月造船廠動工儀式，到 1974 年 6 月正式竣工，鄭周永僅僅用了兩年零三個月時間，許多人都認為這是一件不可思議的事情。而且在這段時間裡，鄭周永完成了挖船塢、防波堤工程、修建碼頭，並且還建了 14 萬平方公尺的廠房。同時，鄭周永還為 5,000 名職員修建了職

第五章　執行到位：執行不打折扣

員住宅。在這麼短的時間裡，鄭周永建成了一個面積為 60 萬平方公尺、最大造船能力為 70 萬噸，而且具有國際先進技術的大型造船廠。

這種驚人的速度和效率在世界造船史上是絕無僅有的。一般情況下，按照當時的造船技術，如果要建像現代重工蔚山造船廠那樣大規模的船廠，最快也要五年，鄭周永做了一件別人想也不敢想的事情。他讓建廠和造船同時進行，在修建船塢時就開始建造油輪的各個部位，等船塢建成後，隨即將船塢進行組裝，下一艘油輪的製造也隨之開始。假如不是這樣的高效率，等到船廠建成後再造船，那筆巨大的貨款利息就會把他壓垮，也就沒有今天的現代集團了。

鄭周永領導下的現代集團就是這樣以高效和速度取勝，最終成為韓國最大的財團，成為世界上著名的大公司。

由此，我們不難看出，在工作中立即行動、馬上落實的重要性。但是，在企業裡，確實存在很多面對自己不願意做的事情而採取消極的態度的員工，他們不是不去做，就是敷衍了事，或是拖拖拉拉、推卸責任，實際上，不管是哪一種情況都會讓工作帶來損失。

對於自己的工作，不能立即執行、按時完成，總是拖延，這是一種非常嚴重的惡習。在工作的執行過程中，很多員工都喜歡拖延，想著「明天再說吧，反正還有時間，等一下子再做」，結果一拖再拖，最終不但耽誤了工作的進展，而且對自己的發展也極為不利，因為沒有任何一家公司會喜歡或重用一個對工作漫不經心、總是無法按時完成工作任務的員工。

實際上，在工作中每個人都會產生惰性，事情不急時都喜歡往後拖一拖。但是，這種「以後再做」的想法，往往會使計畫落空，工作變得一片混亂，後悔、自責、煩躁的情緒也會隨之而來，從而影響了在工作上的進步，

還容易因為混亂而不能發揮應有的能力，自然也就無法保證落實工作。

那麼，如果你想保證落實工作，不妨按照以下方法改變拖延的惡習：

1．制定一個可以勝任的工作計畫。

制定的計畫一定是你能夠勝任的，時間也要放寬鬆些，而且要適合自己的作息習慣。做到這一點，可以讓你有能力和信心堅持做成一件事，而且在事情成功後，還可以為你帶來愉悅感和繼續努力下去的動力。

2．做好自我監督或讓他人幫助監督。

當一天的工作結束時，做一下自我總結，檢查一下自己的工作效率。同時，你可以把自己的計畫告訴別人，讓他人來監督你，這樣，在自尊心的驅使下可以對自己產生一定的壓力，促使自己按步執行計畫以按時完成。

3．把握住現在的時間。

富蘭克林說：「把握今日等於擁有兩倍的明日。」

歌德也曾說：「把握住現在的瞬間，從現在開始做起，只有勇敢的人身上才會賦有天才、能力和魅力。」

作為一名企業的優秀員工，你應該經常抱著「必須把握今日去做完它，一點也不可懶惰」的想法去努力行動，絕不要使自己變成一個懶惰成性、怠慢工作的員工，否則絕不會有任何企業和老闆會賞識你。

總而言之，「有效執行」是一切成功的基礎，沒有什麼比拖延更能使人懈怠、減弱工作能力，也沒有什麼比做事拖延對一個人事業上的成功更為有害。所以，每一位員工都應培養自己良好的執行力，保證工作的落實，從而為自己贏得更多的發展機會。

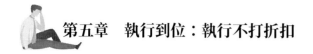
沒有行動就沒有結果

　　無論是怎麼樣的結果都只有在真正行動之後才會出現，這是任何人，特別是一個公司員工在面對自己從來沒有做過的項目的時候應該牢牢記住的一點。

　　沒有任何人可以未卜先知，沒有任何人可以完全預測行動後的結果，更沒有任何人可以在行動之前說你必將失敗，因為無論什麼樣的結果，只有在行動之後才會出現，而當你勇敢地行動起來時，這樣的結果往往將變成你自己與公司的一次新的成功。

　　當諾貝爾決定要研製新的炸藥時，沒有任何人相信他，而且當大家看到他的親弟弟在實驗中喪生時，都一致預言，如果諾貝爾不選擇放棄的話，他最終的結果只能是將自己炸死。

　　然而，勇敢者相信的永遠只能是現實，諾貝爾選擇了拋棄害怕、猶豫，讓行動來促成結果的出現。最後，他成為黃色炸藥的偉大發明者。

　　美國亞特蘭大市，因為曾經舉辦過神聖的奧運會而聞名於世，然而，這個城市在舉辦 1996 年奧運會之前其實不過是美國一個很少有人知曉的城市。但是這個偉大的結果最終還是出現了。這要歸功於比利・佩恩（Billy Payne）的勇氣與不懈的努力。

　　當比利・佩恩最初在 1987 年產生辦理奧運的想法時，就連他的朋友都懷疑他是否喪失了理智。但是他相信的是自己的行動，他堅信最終的結果只有在行動之後才會出現。而在這之前的一切說法都不過是自己的臆測。他放

棄了律師合夥人的職位，全身心都投入到這項活動中來。他開始四處奔走，並以最大的努力獲得了市長的大力支持，組成了一個合作小組，然後用熱情說服了眾多大公司向他們的小組投入資金，並且在世界各地巡迴演講尋求支持。他們每到一個地方就邀請當地國際奧會的代表共進晚餐，以增進代表們對亞特蘭大的了解。

時間一點點過去，成果也一點點在累積，最終在 1990 年 9 月 18 日，比利‧佩恩和他的同伴們的努力與行動贏得了回報，國際奧會打破傳統做法和慣例，將 1996 年奧運會的主辦權交給了第一次提出申請的美國城市亞特蘭大！

比利‧佩恩曾經這麼說過：「我一直都有這樣的觀點，我不喜歡周圍消極的人，我們不需要有人經常提醒我們成功的可能性不大；我們需要那些積極向我們提供策略和解決問題方法的人。我們最終實際上是靠我們自己來做事，並且我們有意識地做出決定要從自己的失敗中學習到經驗教訓。」

比利‧佩恩和他的團隊之所以取得這樣的成功，就是因為他們明白這樣一個道理，無論是怎麼樣的結果都只有在真正行動之後才會出現，這是任何人，特別是一個公司員工在面對自己從來沒有做過的項目的時候應該牢牢記住的一點。只有這樣你才會累積起真正的勇氣去面對一切困難，從而獲得在別人或者自己看來都是不可能的一切。

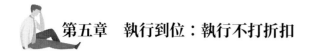

謹記「今日事今日畢」工作法則

明朝人文嘉有一首著名的《今日歌》，其內容是：「今日復今日，今日何其少，今日又不為，此事何時了？人生百年幾今日，今日不為真可惜，若言姑待明朝至，明朝又有明朝事。為君聊賦《今日歌》，努力請從今日始。」這首詩歌告訴人們：一定要珍惜今天，做到今日事今日畢。

今日事今日畢，是我們提高工作效率保證落實的重要途徑與方法。今日事今日畢，要求每一位員工：今天的工作不要拖到明天去做，上午的工作不要拖到下午去做，白天的事情不要拖到晚上去做。

實際上，拖拖拉拉是把今天的擔子，放在明天的肩上，直到不堪重負，變成一個負不起責任的人。如果你想做一個高效率的落實者，就絕對不能拖延，而要養成今日事今日畢的好習慣。

在美國，有一本暢銷雜誌做過一個時間運用調查，這項調查訪問了 14 家公司的 18 名主管，調查結果發現，這些主管平均一天要花 5 個半小時在談話上。得出的結論是，主管們其實有充足的時間來完成他們的任務或達成目標，只是他們不善於利用而已。

「今日事今日畢」是一種工作態度。歷來凡集大成者，無一不是充分利用時間工作的。試想：一個滿懷熱情的人、一個「今日事今日畢」的人與一個消極應付的人、一個做事「拖、推、疲」的人，哪一個能夠做好工作呢？答案不言而喻。愛迪生常說一句話：「浪費，最大的浪費莫過於浪費時間。」

愛迪生在結婚那天，剛剛舉行完結婚典禮，他突然想出了一個主意，是

一個解決當時還沒實驗成功的一個問題癥結點，於是，他便悄聲對新娘瑪麗說：「親愛的，我有一件非常重要的事需要到實驗室去一趟，過一下子準時回來陪妳吃飯。」新娘一聽，心裡非常不高興，但又無可奈何，勉強地點了點頭。不料，愛迪生這一去，到晚上也不見蹤影。直到半夜時分，有人去找，見實驗室點著燈，隱隱約約有人影晃動，進去一看，愛迪生在那裡聚精會神地做事。找他的人不禁脫口喊出來，「哎呀，新郎先生，原來躲在這裡，你讓我們找得好苦啊！」此時，愛迪生這才大夢初醒，忙問：「什麼時候了？」「已經 12 點啦！」愛迪生大吃一驚，急忙往樓下跑去。

愛迪生活了 85 歲，僅在美國專利及商標局登記過的就有 1,328 項科學發明，平均每 15 天就有一項發明。曾經有人問愛迪生：「是否同意為科學休假 10 年。」他回答說：「科學是永無休息之日的，在已過的億萬多年間，它每分鐘都在工作，並且還要如此繼續工作下去。」

假如在金錢上我們計較一分一毫的得失的話，那麼在時間上，我們更應該計較一分一秒的得失。古今中外有成就的科學家，大都惜時如金，當天的事當天就做。

人的生命只有一次，而人生也不過是時間的累積。如果讓今天的時光溜走，就等於毀掉人生的一頁，所以，我們應珍惜今天的每分每秒，不讓時光白白流逝。我們可能不會像愛迪生那樣把自己一生的時間都放在工作上，但我們至少應該樹立起「今天」的觀念，充分重視「今天」的價值。

某集團的執行長推行了「今日事今日畢」的制度。就是在公司內部建立一個每人、每天對自己所從事的工作進行檢查、清理的「日日清」控制系統。緩辦的、急辦的、一般性材料的擺放，都是有條有理、井然有序。

「日日清」系統包括兩個方面：一是對工作中的薄弱環節不斷改善、不斷

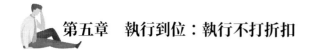

提高，要求職員「堅持每天提高1%」，70天工作水準就可以提高一倍；二是對當天發生的各種問題在當天必須弄清原因，分清責任，並及時採取措施進行處理。比如職員使用的用來記錄每個人每天對每件事的日清過程和結果的卡片。

對公司的客服人員而言，客戶提出的任何要求，不管是大事，還是「雞毛蒜皮」的小事，工作負責人必須在客戶提出的當天給予答覆，與客戶討論工作細節。然後再按照協商的具體要求辦理，辦好後必須及時反饋給客戶。假如遇到客戶投訴、抱怨，需要在第一時間解決，自己不能解決時要及時匯報。就是這樣，這家公司的服務被評為「鑽石級服務」，並且產品成為了世界一流的產品。

該公司建立「今日事今日畢」制度是對時間的珍惜，同時也是對客戶負責的一種態度。不管是對自己的工作，還是對客戶的服務，所有的事務都是要在一定的時間內完成才有意義。實際上，他們的成功在於充分認識到了「今日事今日畢」的重要性，他們在提高自己的同時，也得到了客戶的信任。

人的一生有三個階段：一個是昨天，一個是今天，一個是明天。昨天發生的事情我們已不能改變，因為昨天發生的一切已經過去，我們也不可能改變明天，因為明天的瓜熟今天不能蒂落。因此，我們唯一能夠改變的，只有今天，也就是你現在所擁有的正在享受的時間，這才是我們一生之中最重要的時刻。

此外，值得注意的是，「今日事今日畢」還需要分清工作的輕重緩急。人的精力畢竟有限，把每件事都當作「今日事」，恐怕永遠也做不到「今日畢」，只有合理分配工作、合理利用時間的人，才能游刃有餘應對工作。

總之，我們必須養成珍惜時間的好習慣，做到「今日事今日畢」懶惰不僅會為我們的工作帶來失敗，更難以保證工作的落實。

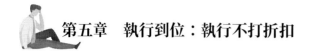

不為失敗找藉口

藉口是一種不好的習慣，一旦養成了找藉口的習慣，你的工作就會拖拖拉拉、沒有效率。即便如此，人們還是常常喜歡為自己的失敗尋找藉口，不是抱怨工作內容、待遇、工作環境，就是抱怨同事、上司或老闆，而很少能夠清醒地問問自己：「我努力工作了嗎？我真的對工作負責了嗎？」尋找藉口唯一的好處，就是把屬於自己的過失掩飾掉，把應該自己承擔的責任轉嫁給社會或他人。這樣的人，在企業中不會成為優秀的員工，也不是企業可以期待和信任的員工。我們應該知道，抱怨的越多，失去的也就越多，藉口只會讓人一事無成。

在某企業的季度會議上 —— 行銷部經理說：「最近銷售不好，我們有一定的責任。但主要原因是，對手推出的新產品比我們的好。」

研發部經理「認真」總結道：「最近推出的新產品少，是因為財務部門削減了研發預算。」

財務部經理馬上接著解釋：「公司採購成本在上升，我們必須削減。」

這時，採購部經理跳起來說：「採購成本上升了10%，是由於俄羅斯一個生產鉻的礦山爆炸了，導致不鏽鋼價格急速攀升。」

於是，大家異口同聲地說：「原來如此。」言外之意便是：大家都沒有責任。

最後，總經理終於發言：「這樣說來，我只好去考核俄羅斯的礦山！」

這樣的情景經常在不同企業中上演著 —— 當工作出現困難時，每個人不是先找自身的問題，而是找藉口指責相關的人沒有配合好自己的工作。找到藉口的人，通常是想將自己的過失掩蓋掉，心理上得到暫時的平衡。但長此以往，因為有各式各樣的藉口可找，人就會疏於努力，不再想方設法爭取成功，而把大量時間和精力放在如何尋找一個合適的藉口上。在工作中，藉口是逃避做事責任、放鬆工作要求、縱容放任自己的理由。

　　查姆斯在擔任美國國家收銀機公司（National Cash Register）銷售經理期間曾面臨到一個最為尷尬的情況：該公司的財政發生了困難。這件事被負責推銷的銷售人員知道了，並因此失去了工作的熱忱，銷售量開始下跌。到後來，情況更為嚴重，銷售部門不得不召集全體銷售員開一次大會，美國各地的銷售員皆被召去參加這次會議。查姆斯主持了這次會議。

　　首先，他請手下最佳的幾位銷售員站起來，要他們說明銷售量為何會下跌。這些被點到名字的銷售員一一站起來以後，大家有一個共同的理由：商業不景氣，資金缺少，人們都希望等到總統大選揭曉後再買東西等等。

　　當第五個銷售員開始為他無法完成銷售配額找出種種藉口時，查姆斯突然跳到一張桌子上，高舉雙手，要求大家蕭靜。然後，他說道：「停止，我命令大會暫停 10 分鐘，讓我把我的皮鞋擦亮。」然後，他命令坐在附近的一名黑人小工友把他的擦鞋工具箱拿來，並要求這名工友把他的皮鞋擦亮，而他就站在桌子上不動。在場的銷售員都十分震驚。他們有些人以為查姆斯發瘋了，人們開始竊竊私語。就在這時，那位黑人小工友先擦亮他的第一隻鞋子，然後又擦另一隻鞋子，他不慌不忙地擦著，表現出一流的擦鞋技巧。

　　皮鞋擦亮之後，查姆斯給了小工友一分錢，然後發表他的演說。他說：「我希望你們每個人，好好看看這個小工友。他擁有在我們整個工廠及辦公室

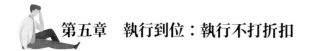

內擦鞋的職權。他的上一任是位白人小男孩，年紀比他小得多。儘管公司每週補貼他 5 元的薪水，而工廠裡有數千名員工，但他仍然無法從這個公司賺取足以維持他生活的費用。」

「可是現在這位黑人小男孩不僅可以賺到相當不錯的收入，既不需要公司補貼薪水，每週還可以存下一點錢來，而他和他的上一任的工作環境完全相同，也在同一家工廠內，工作的內容也完全相同。」

「現在我問你們一個問題，那個白人小男孩沒有得到更多的生意，是誰的錯？是他的錯，還是顧客的錯？」

那些銷售員不約而同地大聲說：「當然了，是那個小男孩的錯。」

「正是如此。」查姆斯回答說，「現在我要告訴你們，你們現在推銷收銀機和一年前的情況完全相同：同樣的地區、同樣的內容以及同樣的商業條件。但是，你們的銷售成績卻比不上一年前。這是誰的錯？是你們的錯，還是顧客的錯？」

同樣又傳來如雷般的回答：「當然，是我們的錯。」

「我很高興，你們能坦率承認自己的錯。」查姆斯繼續說，「我現在要告訴你們。你們的錯誤在於，你們聽到了有關本公司財務發生困難的謠言，這影響了你們的工作熱忱，因此，你們不像以前那般努力了。只要你們回到自己的銷售地區，並保證在以後 30 天內，每人賣出 5 臺收銀機，那麼，本公司就不會再發生什麼財務危機了。你們願意這樣做嗎？」

大家都說「願意」，後來果然辦到了。那些他們曾強調的種種藉口：商業不景氣，資金缺少，人們都希望等到總統大選揭曉以後再買東西等等，彷彿根本不存在似的，統統消失了。

　　任何藉口都是推卸責任，在責任和藉口之間，選擇責任還是選擇藉口，展現了一個人的工作態度。有了問題，特別是難以解決的問題，可能讓你懊惱萬分。這時候，有一個基本原則可用，而且永遠適用。這個原則非常簡單，就是永遠不放棄，永遠不為自己找藉口。

　　沒有任何藉口是執行力的表現。無論做什麼事情，都要記住自己的責任，無論在什麼樣的工作職位，都要對自己的工作負責。工作就是不找任何藉口地去執行。

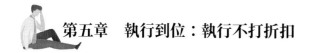

不要只做老闆交代的事

　　在工作中，只要認定那是你要做的事情，就應該立即採取行動，而不必等待老闆交代。事實上，每位老闆心中都對員工有強烈的期望，那就是：不要只做我告訴你的事情，運用你的判斷力，為公司的利益，去做需要做的事情。

　　勞倫斯是一家銀行的出納員，他的工作還算過得去 —— 不出大錯，沒有顧客投訴，也不偷懶 —— 但他從不多做一點點工作。他的同事覺得他還不錯：能完成工作，與大家和睦相處。但是每當有額外的需要時，勞倫斯從不自告奮勇；而且工作單位上有了額外的工作時，他就理直氣壯地討價還價，要不就是要求加班費或提高報酬。他也不像其他的出納一樣，為縮短顧客排隊等待時間或實施新的顧客獎勵而獻計獻策。他總是認為：「我只是個小小的銀行出納，我為什麼要做那麼多？我只要做好自己的事不出錯就可以了。」在他眼裡，工作等同於賺錢，如果工作量已超出分內，就得另外收費，因為他認為自己與老闆之間僅止於契約關係，即我出賣勞力，你付錢。因此，直到退休，勞倫斯仍然是一名普通的銀行員工，拿著和當年一樣的薪水。

　　社會在發展，公司在成長，個人的職責範圍也在隨之擴大。不要總是以這不是我分內的工作為理由來逃避責任，推卸責任。當額外的工作降臨到自己頭上時，我們也不妨視為一種機遇。如果不是你的工作，而你沒等老闆交代就去做了，就能得到老闆的賞識。做事不必老闆交代，自願去做，自己就會形成一個鞭策機制，鞭策自己快速前進。做事不用老闆交代是一種極為珍

貴的素養。它能使人變得更加主動，更加積極，更加敬業。

　　一位學者曾聘用一名年輕女孩當助手，替他拆閱、分類信件，薪水與相關工作的人相同。有一天，這位學者口述了一句格言，要求她用打字機記錄下來：「請記住：你唯一的限制就是你自己腦海中所設立的那個限制。」

　　這個女孩將打好的格言交給老闆，並且有所感悟地說：「你的格言令我深受啟發，對我的人生大有意義。」

　　這件事並未引起學者的注意，但是，卻在女孩心中留下了深深的烙印。從那天起，女孩開始在晚飯後回到辦公室繼續工作，不計報酬地做一些並非自己分內的工作 —— 譬如替老闆回信給讀者。

　　這個女孩認真研究學者的語言風格，以至於這些回信和自己老闆寫得一樣好，有時甚至更好。她一直堅持這樣做，並不在意老闆是否注意到自己的努力。

　　終於有一天，學者的祕書因故辭職，在挑選合適人選時，老闆自然而然地想到了這個女孩。

　　在各式各樣的工作中，當我們發現那些需要做的事情 —— 哪怕並不是分內的事情，往往意味著我們發現了超越他人的機會。有些事不必老闆交代，你就能主動地主做，這需要你付出比別人多很多的智慧、熱情、責任和創造力。

　　露西是一家公司的祕書。她的工作就是整理、撰寫、列印一些資料。露西的工作單調而乏味，很多人都是這麼認為的。但露西卻有不同想法，她說：「無論是什麼工作，我都要盡職盡責的做好它。」

　　露西整天做著這些工作，做久了，她就發現公司的文件中存在著很多問

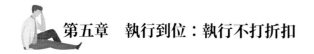

題，甚至公司在經營運作方面也存在著不足。

於是，露西除了每天必做的工作之外，她還細心地搜集一些資料，就連過期的資料也不放過。她把這些資料整理分類，然後進行分析，寫出建議。最後，她把列印好的分析結果和有關證明資料一併交給了老闆。老闆讀了她的這份建議，感到非常吃驚，一位年輕的祕書，居然有這樣縝密的心思，而且分析井井有條、細緻入微。老闆認為，她是公司裡不可多得的人才，並且為公司做了很大的貢獻。後來，露西的很多建議都被公司採納了。當然，她很快得到了老闆的重用，得到了晉升。

露西之所以受到老闆的青睞，就是因為她比正常的工作分量多做了一點點，但是正是這一點點分外事，使她的工作得到了老闆的認可和讚賞。

在工作中，你的上司不可能把每一步需要做的事情都交代清楚，一件工作要如何做得更好，這個不是上司能告訴你的，發揮一下自己的主動性，提升的契機說不定就此打開了。

不要等老闆交代，行動在老闆前面。不要被動地等待老闆評估你應該做什麼，而是應該主動去了解自己要做什麼，並且規劃它們，然後全力以赴地去完成。對於工作中需要改進的問題，搶先在老闆提出問題之前，就把改革方案做好。這樣的行動會深得老闆的賞識，因為只有這樣的員工才真正能減輕老闆的負擔。當老闆知道你為他如此盡心盡力時，就會很自然地對你信任起來。不要等老闆交代再去做事，便沒有什麼目標是不能達到的了。

紀律是有效執行的保證

　　在工作中，紀律是成功的保證，更是執行工作中不可或缺的一部分。服從紀律，是一個員工、一個團隊和一個企業在複雜多變的競爭環境中生存、發展乃至成功的基礎。而那些無視紀律，不願意遵從企業規範，認為「隨時可以辭職」的員工，都不利於企業的發展，個人的前程也必將被葬送。

　　一個具有強烈紀律觀念的員工，一定會積極主動，忠誠敬業；同樣，一個有紀律的團隊，才能夠團結合作、富有戰鬥力和進取心。可以說，紀律永遠是企業不斷發展的基礎。對企業和員工來說，沒有紀律，就沒有了執行力。

　　小王是杜邦公司（DuPont）的銷售員，他是一個非常有個性的人，他憑藉自己出色的能力和自信，很快便從一線隊伍中脫穎而出，而且取得了不錯的業績。但是小王非常討厭填寫各種「申請」、「報表」；也很厭惡企業提倡的「資料分析」、「流程表」等，他認為，銷售業績決定一切，客戶第一，自己第二，公司排行第三；小王也不喜歡參加各種會議，實在推脫不了時，也是坐在最後一排想自己的事，他不願意總結自己業務方面的經驗教訓，更不屑於學習別人好的經驗；對上司安排的事情，或不做或忘記，企業要他回覆，需要打電話才會有回音。

　　而杜邦公司偏偏是一家有著近百年歷史的「軍工出身」的企業，作風嚴謹得近乎於死板，注重流程，強調匯報，希望每一個單子都是可控的，希望每一個員工的每一天也是可控的。而小王的個人風格與企業的管理制度大相

135

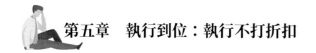

逕庭，當同期進入企業的同事不斷被提拔的時候，小王只能被要求離開公司，另謀發展。

如今，在許多公司裡，像小王這種類型的員工普遍存在，其實這嚴重阻礙了自己的個人發展。對於企業而言，一個執行者，必須了解和認同企業文化，必須重視禮儀和商業規範，在企業的指示下行動。那些不願意遵從企業規範的任性員工，認為「隨時可以辭職」的不穩定員工以及冷眼旁觀者，都不利於企業的發展。

正如巴頓將軍（Patton）所言：「我們不可能等到 2018 年再開始訓練紀律性，因為德國人早就這樣做了。你必須做個聰明人：動作迅速、精神高漲、自覺遵守紀律，這樣才不至於在戰爭到來的前幾天為生死而憂心忡忡。你不該在思慮後去行動，而是應該盡可能地先行動，再思考 —— 在戰爭後思考。只有紀律才能使你所有的努力、所有的愛國之心不至於白費。沒有紀律就沒有英雄，你會毫無意義地死去。有了紀律，你們才真正地不可抵擋。」

巴頓將軍可以說是美國歷史上個性最要強的四星上將，然而，他在紀律問題上，在對上司的服從上，態度毫不含糊。他深知，軍隊的紀律比什麼都重要。

巴頓將軍常常開著汽車到各個部隊，深入軍營。每到一個部隊他都要進行訓話，諸如鋼盔、護腿、隨身武器等細節都要求得非常嚴格。

或許巴頓因此而成為最不受歡迎的指揮官，但是，在他的指揮下，他軍隊卻成了一支頑強、具有榮譽感和戰鬥力的部隊。

「國有國法，家有家規」，軍隊有軍規，公司也有公司的紀律，紀律為的就是為事業、為執行打下堅實的基礎。巴頓將軍能夠正確認識紀律並且嚴格

執行紀律，這就是他取得事業成功的重要原因之一。

對於員工而言，雖然從學習規則、樹立紀律意識、在要求下服從紀律，到自覺把紀律變成自己的習慣，需要一個較長的過程，需要克服自身許多不完善之處。但是，只有把遵守紀律變為自己的工作行為準則，養成無條件服從與執行的良好習慣，才能讓自己懷有高度的責任心去完成工作。同時，在公司制度下工作，遵守企業紀律，也是一種職業技巧。因為公司常常會透過「制度」給予員工資源和榮譽，假如你與「制度」格格不入，那些資源和榮譽就會與你無關。

所以，員工必須著重培養自己的執行力，認識到公司制度有規範的重要性，遵守紀律，認同企業文化，以便在激烈的競爭中具備持久的戰鬥力，從而取得事業上的成功。

總而言之，在現代公司制度下，做一名僅有個性和能力的員工是不夠的，企業需要的是嚴格遵守公司紀律的員工，而員工只有嚴格遵守紀律，方能確保執行力，保證工作執行順利。

第五章　執行到位：執行不打折扣

第六章

注重細節：細節決定成敗

細節是對一個人綜合素養最真實的展現，也是一名普通員工與優秀員工的區別之一。在工作中，忽略細節和重視細節，其結果截然不同。要想在職場上獲得更大的發展，你就要從重視細節開始。注重細節的員工，才能成為企業優秀的員工。

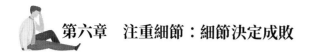

千萬不要居功自傲

　　小黃是一個業務員，他的銷售技能和業務關係都非常好，因此他的業績在全公司裡是最好的。取得成績以後，他就開始對別人指手畫腳了，尤其是對那些客戶服務人員。

　　本來這些客戶服務人員非常支持小黃的工作，只要是他的客戶打來的電話，客服就會馬上進行售後服務的。但是由於小黃經常說「我給你們的飯碗，沒有我你們都要餓死」，要不然就是說這些客服人員服務不好，他的客戶向他投訴等。客服人員對他說的話置之不理，但是卻透過行動來與他對抗。

　　後來，凡是小黃的客戶打來的電話，客戶服務人員都一拖再拖。最後，這些客戶打電話給小黃，並把怒火發到他的身上。由於售後服務不好，小黃的續單率非常低，原來的客戶也都讓其他業務員搶走了。

　　你必須清楚，這個世界上少了誰都一樣。偉人都會成為歷史，更何況我們呢？

　　一個想真正有所作為的人，就不要把功名利祿看得太重，而應抱著淡然一笑的態度。曾國藩曾在立下赫赫戰功之際，馬上寄了一封信給他弟弟曾國荃，信中附了一首詩：「左列鍾銘右謗書，人間隨處有乘除；低頭一拜屠羊說，萬事浮雲過太虛。」詩中告誡他的弟弟，千萬不能因此而驕傲自大，越有功勞越得低頭做人。

　　詩中屠羊說的典故，出自莊子的〈讓王〉篇。屠羊說是楚國的一個屠夫，曾跟著遇難的楚昭王逃亡。在流浪途中，昭王的衣食住行，都是他幫忙解決

的。後來楚昭王復國，昭王派大臣去問屠羊說希望做什麼官。屠羊說答覆道：楚王失去了他的故國，我也跟著失去了賣羊肉的攤位，現在楚王恢復了國土，我也恢復了我的羊肉攤，生意依舊很好，還要什麼賞賜呢？

昭王過意不去，再下命令，一定要屠羊說領賞。於是屠羊說更進一步說，這次楚國失敗，不是我的過錯，所以我沒有請罪殺了我。現在復國了，也不是我的功勞，所以也不能領賞。我文武知識和本領都不行，只是因為逃難時偶然跟國王在一起，如果國王因為這件事要召見我，是一件違背政體的事，我不願意天下人來譏笑楚國沒有法制。

楚昭王聽了這番理論，更覺得這個羊肉攤老闆非等閒之輩，於是派了一個更大的官去請屠羊說來，並表示要任命他為三公。可他仍不吃那一套，就是不肯來，並說：我很清楚，官做到三公已是到頂了，比我整天守著羊肉攤不知要高貴多少倍。那豐厚的俸祿，比我靠殺幾頭羊賺點小錢，要豐厚多少倍。這是君王對我這無功之人的厚愛。我怎麼可以因為自己貪圖高官厚祿，使我的君主得一個濫行獎賞的惡名呢？因此，我絕對不能接受三公職位，我還是擺我的羊肉攤更心安理得。

誰不想擁有豪宅美服，擁有萬貫家財？誰不想功成名就，受人尊敬與讚揚？但面對突然從天而降的榮華富貴，屠羊說沒有忘乎所以，沒有得意忘形，而是保持了一種難得的平常心，不僅展現了「功遂身退天之道」的道家精神，而且也是某種程度的自我保護。因為突然降臨的好運，固然讓人欣喜激動，但也可能潛伏著禍害，所謂樂極生悲，福盛轉禍，讓人難以心裡踏實，所以傳統文化一直有「惜福」之說。曾國藩引用這個典故，是對他的弟弟的警告。他語重心長地教誨他的弟弟，要看淡人世間的名利，知悉「隨處有乘除」。

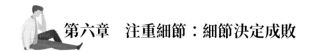

　　曾國藩的這番話同時也說明，即使一個人功成名就了，也要謙和禮讓。一方面，名是相對的，滿招損，謙受益；另一方面，如果你居功自傲，狂妄自大，別人也會不理你那一套。

　　俗話說「滿招損，謙受益」，才華出眾而又喜歡自我誇耀的人，必然會招致他人的反感，暗中吃大虧而不自知。有鋒芒也要有魄力，在特定的場合展示一下自己的鋒芒，是很有必要的，但是如果太過，不僅會刺傷別人，也會損害自己。做大事的人，過分外露自己的才能，只會招致別人的嫉妒，導致自己的失敗，無法達到事業的成功，更有甚者，不僅因此失去了政治前途，還累及身家性命，所以有才華要含而不露，對他人不可過於耿直地指責和批評。

　　如果一個人驕傲自滿，狂妄自大，道德不修，即便是親近的人也會厭惡他，離他遠去。古代像禹、湯這樣道德高尚的人，尚懷自滿招損的恐懼，那麼普通人更應該克制自己的狂妄、自滿之心。

　　人生處在順境和得意時，最容易得意忘形，樂極生悲，看過電影《特洛伊：木馬屠城》（Troy）的人，想必都會記得特洛伊王國是怎樣被毀滅的。

　　特洛伊人與入侵的希臘聯軍作戰，雙方互有勝負，後來聯軍中有人獻計，假裝全部撤退，留下一匹大木馬，並將勇士藏在馬腹內，其他的主力部隊則躲在附近。特洛伊人望著遠去的軍隊，以為敵人真的撤退了，於是將木馬拖入城內，歌舞狂歡，飲酒作樂。就在他們進入夢鄉之時，木馬中的敵人紛紛跳出，打開城門，裡應外合，於是特洛伊滅亡了。

　　這個故事告訴我們的教訓有兩點：一是得意時不要高興得太早，否則失意馬上就到。二是失敗也不要生氣，危機即轉機，失敗後面可能就是成功，遇到挫折時，要咬緊牙關，堅韌自強，逆境即將過去，雨過天晴，前程一片

光明。工作中，有些人因為順境連連而感到欣慰，愉悅之情不時流露於臉上，然而，不能光是高興，應該想想怎麼才能維持好運，永保成功。希臘著名的演說家狄摩西尼（Demosthenes）說：「維持幸福，遠比得到幸福困難。」同樣的道理，好業績來得不易，但更難得的是如何保持好業績。在你成功之時，你最多只能高興 5 分鐘，因為你若不努力，下 1 分鐘就會有人趕上你，甚至超過你。

因此，當你被上司提拔或嘉獎的時候，如果你常常會自鳴得意，那你就要好好學一番涵養的功夫，把你那因升遷而引起的過度興奮壓下去，因為在你沒有達到心中既定的偉大目標之前，中途的一些升遷，真的可以說是微乎其微的小事。也許你在實行一個計畫時，一出手就大受他人誇獎，但你必須對他們的誇獎一笑置之，依然埋頭苦幹，直到隱藏在心目中的大目標完成為止。那時人家對你的驚嘆，將遠非起初的誇獎所能及。

美國汽車大王亨利‧福特（Henry Ford）曾說：「一個人如果自以為有了許多成就以後就止步不前，那麼他的失敗就在眼前了。許多人一開始就十分努力地奮鬥，但前途稍露光明後，便自鳴得意起來，於是失敗立刻接踵而來。」

一個人是否偉大，是可以從他對自己的成就所持的態度看出來的。因此，即使你的運氣極好，也不要得意忘形，累積你的成就，當作你更上一層樓的階梯吧。

得意時最不易避免的是炫耀，失意時最不該學會的是抱怨；在得意時最忌諱的是控制不住的「得意忘形」，失意時最需要的是「換一條路走走」。其實，得意不一定就是得到，失意也並非就是失敗。因此，當失意的半面牆壁倒塌時，最重要的是最先護住你人格的完整。

　　得意時要大智大勇，失意時要大智若愚。得意時，最容易失去的是真情，失意時最容易失去的是銳氣；得意時你可能最看不清楚的是自己，失意時你最能看清楚的一定是自己；得意時別忘了友愛，失意時別忘了堅忍；得意時最不能傷害的是別人的一顆寂寞的心，失意時最不能傷害的是自己的一顆堅強的心。在任何時候、任何情況下，得意都應該有得意的風度，失意都應該有失意的調節方式。

細節決定晉升

細節決定成敗。有的人對細節持不屑一顧的態度，但細節不可輕視。生活中小小的細節也會釀成大禍，細節中有時也隱藏著大患。

細節同樣決定著晉升。很多時候，一個人的成敗就決定於某個忽略的細節。許多看上去無足輕重的細節，卻能表現出一個人的人品和工作態度，一個細節的疏忽，可能導致工作上的失誤甚至會為公司帶來巨大的損失。因此，一名優秀的員工往往是那些在大事上認真，在小事上也絕不輕視的人。在工作中，細節無處不在，只有認識它與重視它的人，才會受到老闆的青睞。

俗話說：「魔鬼藏於細節之中。」而細節之所以會成為魔鬼的棲身之地，是因為人們在工作和生活當中，經常會忽略細節的存在，從而讓魔鬼有可乘之機。

一天，某公司老闆正陪同一位投資商參觀該公司的生產作業間。當這位投資商掏出一支菸剛想要點燃的時候，一位正在工作的工人立即放下手頭的事情，上前禮貌地對他說：「先生，這裡是生產重地，嚴禁吸菸，請您合作。」說完，抱歉地朝他鞠躬。投資商面對工人的阻攔，不但沒有生氣，反而伸出大拇指。投資商對老闆說：「你們的工人職業素養很高，責任心強，有這樣優秀的員工，我決定加大投資力度。」就因為這個工人重視了一個人人都忽略的細節，從而為公司帶來了一大筆急需周轉的資金。沒過多久，這名工人就被老闆提拔為作業間主管。

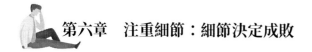

　　然而在一些公司裡，很多員工卻並不像這位工人那樣注重細節，因此，他們有的人終身就在一個平凡的工作職位上從事普普通通的工作。其實，一個人要想獲得更大的發展，要想成功晉升，不但要有良好的專業知識和工作技能，還要注意以下一些細節：

1．與上司走得太近

　　與上司搞好關係，一般來說是百利而無一害。最低限度，在工作出現錯誤時，可減輕被責怪的程度。然而，關係過於密切，後果往往是聲名狼藉。

　　小悅一直認為只要與上司關係好，自然也就能獲得同事的尊重。所以，她經常趁著同事在場的機會，故意將身體靠近上司並刻意將聲音壓低。上司以為她有比較緊急的事要說，故側耳傾聽。這樣一來，同事們以為上司特別照顧小悅，加上她故意與同事閒談時，透露上司一點私人生活。久而久之，竟傳出上司和她有曖昧關係。

　　緋聞傳到上司耳中後，他決定去解決這個謠言，他不能讓緋聞傳下去，因為公司若有人將這一件事宣揚出去，對於公司的聲譽必有影響。於是，他刻意在公共場合與小悅保持距離，當他聽不到小悅的說話時，就大聲而認真地問：「對不起，我聽不清楚，請妳再說一遍。」久而久之，小悅這種矯揉造作的做法，越來越被同事瞧不起。最後只能憤然離職。

2．搶上司的風頭

　　芳齡23歲的小湘，身材高挑，不僅臉蛋漂亮，還能講一口流利的英語，在跟外商談判中，她時常露臉，同事對她都讚許有加。相比之下，她的上司要遜色多了。小湘剛進公司的時候經理對她很關心，但在一次跟外商談業務

的晚會上，小湘出盡了風頭，得意地用英語跟外商愉快地交談並頻頻舉杯，充分展現出高貴與美麗，竟把上司冷落到一旁。過後不久，小湘就被上司調到別的部門，從此也就沒再重用她。

面對不如自己的上司時，小湘自己犯了職場忌諱──越位。在公眾場合喧賓奪主，旁若無人地與上司搶「鏡頭」，使上司陷入尷尬的境地，上司自然不會把這樣的下屬留在身邊。

3・請假太頻繁

沒有上司喜歡經常請假的員工，無論有什麼原因，請假太多表面上雖被接納，卻容易被老闆列入不受歡迎的黑名單。

每一位領導者都不會將重要任務交給經常請假的員工去做。如果你連續三個月均有請假的紀錄，不管你的理由有多充分，上司的心中只有你「經常缺席」的印象，他才不會把每個理由一併記著。如果你經常請假也被批准的話，不要以為上司宅心仁厚，這只證明你的存在可有可無。而聰明的員工知道：盡量不請假的原因並非怕工作進度受影響，而是怕上司發現沒有自己的工作運作也很順利，這等於向上司露出自己的致命弱點。

4・無故製造公司的謠言

無論任何情況，也無論面對任何人，絕不能非議自己的公司。有的人喜歡在別人面前大談公司或上司的缺點。

阿賴與同事小潘在一家公司做營業員。兩人性情相近，所以他們經常利用下班時間，去餐廳吃飯、聊天，阿賴比較愛說，所以聚在一起就大談公司的醜聞。

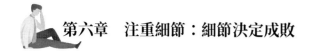

沒幾個月，同事小潘突然被公司提升為營業部主管。而阿賴在他的原職位上一待就是 5 年。直到有一天，他無意中聽到上司對他的評價後，才知道原來都是他那張口無遮攔的嘴惹的禍。

5・不留面子給上司

有的人性格直爽，喜歡直言快語，遇到什麼事都沉不住氣，不立即倒出來就會憋得難受。這種性格的人，比較容易交朋友，因為坦誠相見，會得到很多的信任。但如果在工作中，不顧及別人的面子，在同事和上司出現疏漏或犯錯時，不管三七二十一，站起來就指正，是很不禮貌的。

有一家公司新招了一批員工，老闆想與新員工交流一下對公司的看法。老闆按照手裡的名單點名，點到誰，誰就站起來回答他的問題。前面的五個人談得都很好，老闆臉上露出了滿意的笑容。到第六個人時，老闆認真地叫「周燁（華）」。全場一片靜寂，沒有人應答。老闆又叫了一遍，一個小夥子站起來說：「老闆，我叫周燁（葉）。」老闆的臉一下紅到耳根，這時，老闆身邊的祕書站起來說：「對不起，是我把字寫錯了。」老闆馬上換了口氣，說：「你也太馬虎了，下次注意。」於是叫周燁坐下，又接著叫下一位員工。一個月以後，這位祕書被提升了，而周燁則被解雇了。

其實，每個人都有自己所欠缺的知識，犯錯、出洋相，在所難免。作為下屬，沒必要當眾糾正。如果周燁當時應答，事後再巧妙地糾正，就不會傷了老闆的面子，而丟了自己的工作。

上司有錯時，如果不是會造成巨大損失的事，不必當眾糾正。不妨「裝聾作啞」，事後再予以彌補。

老闆總是以這種微小的細節來考察人才，確實有他的獨到之處。試想，

一個連細節都不注意的人，又怎能成為一名優秀的員工呢？又怎能對公司負責呢？一個員工能否做好自己的工作，對公司是不是有責任心，有時就表現在細微的小事中。

有人說，一滴水可以折射出整個太陽的光輝，一件小事可以衡量一個人的工作態度。一個員工是否值得提拔，並不僅僅是展現在對待重要的工作上，而且還展現在一些看似不起眼的小細節中。同樣，老闆考慮一個人的晉升也會從一些細節入手進行考察的。所以，要想得到晉升，平時就要養成注重細節的習慣。

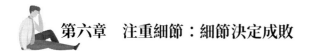

越級報告是一種危險行為

　　越級報告是一種危險的行為，會產生眾多不良後果，往往容易傷害到自己。頂頭上司根本不喜歡底下員工越級報告，一般會「退回原級處理」，你無法收到預期效果。這還有可能導致你與直屬上司之間關係惡化，因為你這樣做明顯是對他的不尊重，事後就算他不炒你魷魚，也不會再重用你、提拔你。你的報告如果被同事們知道了，他們可能會攻擊你而使你「裡外不是人」。

　　就算你的報告是好的，你也是破壞了公司的正常運行程序，這會使頂頭上司頭疼。即使你成功了，他們也會心存芥蒂，認為你對他們也可能採取同樣的行為。所以，在公司中，千萬不要越級報告。

　　阿信在某大報社擔任副刊編輯。他畢業於大眾傳播系，理論基礎扎實，才思敏銳。工作期間，由他編輯發表的不少作品被多種文學類報刊轉載。他自己還勤奮創作，先後在各大報刊發表了大量作品，受到業內人士的好評。而且，在他的努力下，文藝部開展了不少集體性的工作，均取得成功。由於阿信越來越受到同事的尊重，影響漸大。部門主任慢慢地感覺到了他對自己的威脅，開始排擠阿信，對他的合理建議也不予採納。久而久之，阿信和部門主任的關係變得微妙起來，兩個人中間出現了一條不可逾越的溝壑。

　　阿信不僅才華出眾，而且在事業上具有一定的開拓精神、創新意識。由於和部門主任關係「不妙」，他的一些想法無法付諸實施。於是，他決定直接找總編提建議，他把自己的計畫、設想告訴了總編，希望總編採納。

出乎阿信的預料，他所有的計畫、設想不僅得不到總編的支持，還引起了部門主任強烈的反感。從總編的角度看，在阿信與部門主任之間，他不能不考慮管理階層的威信、情緒等因素，不能不維護管理階層；再者，越級報告，事實上破壞了正常的管理模式，使總編憂慮。

越級報告失敗以後，阿信的處境可想而知，和部門主任的關係更加惡化，致使他的工作處於極端被動的狀態。無奈，他只能離開了這家大報社。

一般情況下，公司的組織機構是逐級上報的，絕大多數員工都有直屬上司、頂頭上司。在工作中，越級報告意味著要越過直屬上司，直接與頂頭上司說明你的看法或爭取權益。

你把一個自鳴得意的企劃祕密地送到頂頭上司的桌上，然後以為最高決策層會對你的才華另眼相看。但是你會發現，這麼做將導致兩種結果產生：

一是頂頭上司把你的報告送回部門經理那裡，令其按常規程序辦理；

二是頂頭上司將你的報告按下不動，好像沒有這一回事一般，另行啟用你所在的部門呈上第二份計畫。

這兩種結果都使你遭受了三重打擊，第一重打擊是，權衡再三，頂頭上司對你的急切心態持不置可否的態度，如果在打擊部門經理的積極性和打擊你的積極性之間選一個，他只能選後者；第二重打擊是，部門經理十有八九會對你從此更加反感，還處處提防你；第三重打擊是，透過這件事，同事們都將你視為急功近利之徒，這是否得不償失？

相信自己單槍匹馬的能量，是辦公室新人自負的展現，其實，在熟悉整個公司的流程，學會考慮各方的利益之前，一個人的奇思妙想常常是「空中樓閣」，是沒有辦法考慮的。

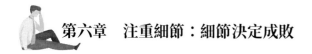

在工作中，你若是想越級報告，需要先檢視一下自己的動機，是為公司利益著想而不是為了個人利益。確認了這一點，你才能選擇正確的做法。

所以，在工作中你有什麼好建議需要報告時，一定要逐級上報。最好先與直屬上司進行溝通，這樣才能收到更好的效果，也能令直屬上司、頂頭上司看到你的才華，將對你刮目相看，晉升對你來說自然也就不再遙遠了。

再小的事也值得我們用心去做

每個員工的內心都有對成功的渴望，都具備創造成功的熱情。在他們剛剛從事工作時，肯定也是對工作充滿憧憬，意氣風發，滿腔熱血的。但是，曾經的活力呢？曾經的熱情呢？曾經的自信和夢想後來都到哪去了呢？

1924 年 11 月，在美國霍桑工廠，以哈佛大學心理學教授埃爾頓‧梅奧（Elton Mayo）為首的研究小組試圖透過改善工作條件與環境等外在因素，找到提高勞動生產率的途徑。他們選定了繼電器作業間的六名女工作為觀察對象。在七個階段的實驗中，主持人不斷改變照明、薪水、休息時間、午餐、環境等因素，希望能發現這些因素和生產率的關係。但是很遺憾，不管外在因素怎麼改變，實驗組的生產效率一直在上升。

實際上，當這六個女工被抽出來成為一個工作組時，她們已經意識到了自己是一個特殊的群體，是這些專家一直關心的實驗對象。這種受注意的感覺使得她們加倍努力工作，以證明自己是優秀的，是值得關注的。另一方面，這種特殊的位置使得六個女工之間團結得特別緊密，誰都不願意因為自己而讓這個團體受到拖累，她們之間甚至形成了某種默契。正是這種個人微妙的心理和團結奮進的精神，促使著她們的效率不斷提升，產量上升再上升！

可見，每個人都有無窮的潛力和熱情。你認為自己是什麼樣的人，你就能成為什麼樣的人。強烈而積極的心理暗示，可以激發人的工作熱情，可以治療憂鬱、自卑、緊張等各種可能在工作中出現的心理疾病。

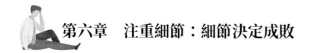

　　在日常工作中，這樣的例子比比皆是。因為受到關注或暗示，因為對工作和自己所在的團隊有高度的認同，人們會有滿腔熱血，熱情百倍，雖困難而不懼，雖疲累而不煩，最終做出優異的成績，獲得豐厚的回報。遺憾的是，有更多的情況卻與之相反。員工的情緒不是高漲而是日益低落，他們的鬥志和熱情，隨著時間的推移也消失殆盡。他們對工作缺乏動力，對工作不熱心和投入，失敗、緊張、沮喪，懷疑自己工作的意義甚至害怕工作。

　　據調查顯示，有近三成的員工在工作中沒有熱情，情緒低落，怨天尤人，怕苦怕難，得過且過。

　　不要說你對工作沒有興趣，你的工作沒有成就感，或者你厭倦現在的工作。如果願意去找，總有千百個理由在等著我們，讓我們開脫和逃避。但是，這樣的理由又有什麼用呢？它只會讓你更加懈怠，最終一事無成，並讓你認為，這樣的結果是理所當然的。要知道，一段時間內，工作和環境可能是我們無從選擇和迴避的；但對工作的態度，有沒有工作的熱情，卻全在於我們自己。主要是看你的意願，沒有任何外力可以激發或者削弱你的熱情。

　　在國外著名銷售公司中，有一句經典的名言：「不要解雇他們，點燃他們。」可以想像，這種點燃工作的熱情，熊熊燃燒所釋放出的光明和能量，不但能讓自己得以昇華；也必將照亮四周，並將光和熱傳遞給周圍所有的人。

不要與同事爭功

同事，顧名思義，就是一起做事的人。人之所以成為同事，就是為了完成共同的事，假如事情完成得不好，那叫事故；事情完成得好，就成為了事業。可見，同事對一個人是多麼重要。對大部分現代人來說，世界上最好的禮物是一個好同事，比一個好同事更好的禮物是一群好同事。

毫不誇張地說，遇到一個好同事比娶個好太太或嫁個好老公更重要。很多有成功事業的人婚姻並不美滿，但他們無一例外都有好同事。劉備可以沒有孫夫人，但沒有諸葛亮，想三分天下有其一無異於白日做夢；約克在曼聯威風得不行，因為他身後有貝克漢、吉格斯的強大火力支持，還是這個約克，一回到千里達及托巴哥國家足球隊就碌碌無為，沒有別的理由，就是因為孤掌難鳴。當天才遇到天才，互相切磋砥礪，就會放射出更耀眼的光芒。即使是庸才遇到庸才，只要互相取長補短，同樣能如虎添翼，所謂「三個臭皮匠，勝過一個諸葛亮」。優秀的同事就像撐杆，讓你躍過不可能的高度，就像 3D 加速卡，讓你事業的畫面更加生動流暢。

因此，同事的幫助絕不是可有可無的。一個籬笆三個樁，一個好漢三個幫，良好的同事關係是事業上不可缺少的資源。經營不好同事關係，向外發展純粹是不切實際。很難想像一個在同事中間孤立無援的人，能夠把工作做得出色，得人心者得天下，得同事者得事業。

而當自己所在的部門取得了好成績，公司論功行賞之際，也不要過度為自己爭功勞，要低調、謙讓，更不要因此而與上司、同事發生爭執或其他不

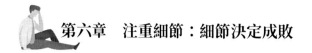

愉快的事。

　　有一次，吳某到某醫藥公司應聘企劃專員。他雖初來乍到，但因策劃經驗豐富，很受總經理賞識，所以薪水定得較高，這讓策劃部主管李某心有不甘。工作中，李某總是有意刁難吳某，並將本該自己做的工作丟給他。因此，吳某的工作總是部門裡最多的。對吳某做好的策畫案，李某稍做修改後便交到總經理那裡，並只署名自己。

　　由吳某代做的好幾個策畫，都受到了總經理的好評。看著李某得意的樣子，不少以前嫉妒吳某薪水過高的同事，也開始為他打抱不平了：「你也太老實了，他明顯是在搶你的功勞。」吳某只是笑笑：「也許他是在考驗我呢？這也是一種鍛鍊嘛。」幾個月下來，吳某的低調作風反為他贏得了好人緣。

　　不久，李某正在斟酌吳某的策畫案，總經理到策劃部視察工作，李某便說：「他做的策畫有些地方不行，我幫他看看。」總經理翻看了一下，說：「我覺得很不錯，不然你交一份更好的給我？」說完一臉嚴肅地走開了。

　　隨後，吳某就取代李某升任了策劃部主管，總經理告訴他：「你的策畫風格我很了解。我早就看出李某的不少策畫案是你原創的，但你低調處世的態度，我很欣賞。」

　　因此，在職場上，尤其需要以寬容、謙讓為核心，要「以禮相待，以誠待人，以德服人」。在職場上、辦公室中，這三者缺一不可。同事之間，如果能夠做到禮貌與關愛，真誠地關心以及尊重他人，相對地也會得到他人的尊重與諒解。

　　這樣的原則做起來其實很簡單。第一是注重與他人的合作和分享。多跟別人分享自己的看法、建議，多聽取和接受別人的意見，這樣你就能獲得眾

人接納和支持，從而順利推展工作。

世上沒有免費的午餐，有付出才會有回報。

第一，你要能給予，才能考慮索取。我們經常會聽到一些人對同事的抱怨，大罵同事如何不夠朋友，如何在關鍵時刻袖手旁觀甚至落井下石。可是你有沒有想過，你為同事做了什麼？你有沒有在他需要時伸出溫暖的手？你有沒有故意或者無意中傷害過他？

我們必須承認，同事之間考慮更多的是利害關係，而不是梁山泊式的兄弟義氣。如果你對同事不能有任何幫助，又怎麼能指望同事對你伸出援手？古人說：「得道多助，失道寡助」放到同事之間，這個「道」說的是你的能力。你必須展現出自身價值，對同事有所助益，才能在需要時得到同事的回饋。那麼與其說是同事在幫你，不如說是你自己在幫自己。

第二，要多微笑。在公司無論是對同事、上司，還是老闆，要無時無刻展現你燦爛友善的笑容，這樣一定能贏取公司上下的好感。年輕的同事會視你為前輩，年長的把你當兒女看待，如此親和的人事關係必有利事業的發展。

平時不拘小節的郭某畢業後進了某公司，報到那天，他沒和前檯接待小姐打招呼，在待人接物時，他也很少用「謝謝」等詞語。漸漸地，他發現同事們並不怎麼認可他的能力，相互之間的關係很冷淡。後來，他開始試著改變自己的言行，在工作中對別人多用一些表示敬意的禮貌用語，不久就走出了人際關係的困境。他深有體會地說：「多用一些禮貌用語不但可以提高自己的個人修養，還能讓自己順利地加入到工作團隊中去。」

第三，要善解人意。同事感冒時，你體貼地遞上藥丸，路過小吃店時順

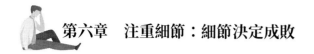

便幫同事買點小點心。這些都是舉手之勞，何樂而不為？你對人好人必定也會對你好，這樣就不會在公司陷於孤立無援之境。

當然，不要蓄意製造矛盾、設置陷阱，坑害、中傷、打擊同事。比如，有意披露同事的隱私，中傷貶損別人；到主管面前進讒言或離間同事間的關係，傷害同事間的感情等等。這些行為，既害了同事，也害了自己，它對於同事間的關係是有害無益的。

第四，要平等待人，不參與小團體。同事當中，有在各方面條件都占有優勢的佼佼者，也有身處劣勢的平平者；有的人處世頭腦比較敏捷機靈，有的人則比較木訥呆板；甚至在人的長相上，也有容貌俊逸和其貌不揚之分。但不論同事的主、客觀條件的優劣，你在與同事相處時，都一定要注意做到平等待人。如果你在與同事相處中明顯地表現出趨炎附勢，甚至為了一己之利，對人有高下之分，那麼，你勢必會遭到其他同事的反感，甚至憎恨。這樣，就等於你在周圍的人際關係中埋下了隱患，一旦條件發生戲劇性變化，你會在自己造成的同事關係中嘗到苦果。

因此，要盡量跟每一位同事都保持友好的關係，盡量不被人誤認為你是屬於哪個小圈子的人，因為這會無意中縮窄了你的人際網路，對你沒多少好處。要盡可能跟不同的人打交道，盡量避免牽涉入辦公室鬥爭，不搬弄是非，這樣自然能獲取到別人的信任和好感。

改掉愛占小便宜的毛病

在職場上，有些員工往往會在無意間占公司的小便宜，他們認為公司的便宜是「不占白不占」。他們一有機會就拿公司的電話打私人電話，或者趁老闆不在時做自己的私事，甚至偷偷溜出去。還有些員工把公司的物品當成免費資源，隨意把它們拿回家去使用。

阿宏在一家公司擔任採購部經理。一天，他看到公司定製的圓珠筆、複印紙非常精美，便順手拿一些回去給上小學的女兒使用。這些東西被女兒的老師看見了，而該老師的丈夫，恰好正是與這家公司有業務往來的一位經理。

這位經理了解這件事後，說道：「這家公司的風氣太不好了，公司的員工只想著自己而不是公司！這樣的公司怎麼能有誠意做好生意呢？」於是，他中止了與該公司的合作計畫。

誰也沒有想到就區區幾支圓珠筆和幾張複印紙，竟中斷了生意。

「勿以善小而不為，勿以惡小而為之。」工作中許多不良習慣，哪怕它如沙粒，非常之小，其所造成的危害，常比你想像的要嚴重得多。對於員工來講，這些看似微不足道，不足以影響大局的小毛病，常常決定他本人的前途命運。理智的老闆，常會從細微之處觀察員工、評判員工。比如，站在老闆的立場上，一個缺乏時間觀念的員工，不可能約束自己勤奮工作；一個自以為是、目中無人的員工，在工作中肯定無法與別人合作溝通……一旦你因這些小小的不良習慣，讓老闆留下不好的印象，你的發展道路就會越走

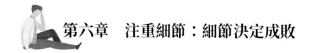
越封閉。

　　如果上司發現你經常在工作期間處理私人事務，他就會感覺你不夠忠誠。因為公司是講求效益的地方，任何投入必須緊緊圍繞著產出來進行。工作時處理私人事務，無疑是在浪費公司的時間。

　　盡量不要因私事向上司請假，因為上班時段內的時時刻刻都必須為公司所用，你每個月領取的報酬已明確表明了這一點。當然，有些工作即使是帶回家做也無妨，而且可以省下一些往返的時間或者說效率更高，像這種特殊的工作也要得到上司的許可後再離開。

　　有些員工愛在上班時間裡打私人電話，這是不對的。另外，如果有朋友打到辦公室和你聊天的電話，也許你很想早點掛斷電話，但對方卻說個沒完沒了，這時，你就有必要找一些託辭來早點結束。比如：對不起，我現在要開會了，有時間再說吧；對不起，現在有客來訪，下班後回電話給你等。遇到這種情況，撒一個小謊中止談話是非常必要的。因為在辦公時間內拿著電話談私事，不僅會耽誤你個人的工作，還會影響周圍其他人辦公。更為重要的是，這還會影響到上司對你的印象。

　　一位老闆曾這樣評價一位當著他的面打私人電話的員工：「我想，他經常這樣做，否則，他怎麼連我也不防？也許他沒有意識到這樣做有違職業道德。」

　　對老闆來說，工作時間打私人電話，處理私人事務，很大程度上反映出員工工作的心態，有些老闆通常會把私人事務的多寡，當作一位員工是否積極上進、認真做自己工作的考核標準。因此，工作時間裡千萬不要做私人的事，否則將影響你的發展。

任何時候都不要隨意拿走公司的物品。小到一張複印紙,大到電腦、汽車。道理誰都明白,但只要在公司待的時間長了,很多人難免就會「忘情」地拿走它們。

在公司中,一定要堅持「不拿公家一針一線」的原則。即使有人那樣做,你也不要效仿。因為這將會讓你造成很大的損失。

有些習慣看似微不足道,實則十分重要。如果不加注意這些細節,就會使你的努力付之東流。

因此,作為一名公司的優秀員工,上班時,就要全身心地投入到工作中,不要占用上班時間處理私事;下班後,不要「順手牽羊」拿走公司的任何物品。養成一個好的工作習慣,這對你的職業生涯,甚至整個人生都大有益處。

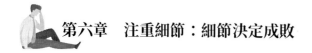

不要忽略工作中的細節

「若要時針走得準，必須控制好秒針。」當人們忽視自己眼前的細節而到處尋覓成功的良機時，有的人已經注意到這些細節並且運用它們獲得了成功，這就是細節帶來的差距。

偉大源於細節的累積，一個追求卓越的人必須在細節上下苦功，在細微處尋找自身的優勢。

有位醫學院的教授，在上課的第一天對他的學生說：「當醫生，最重要的是膽大心細。」說完，便將一根手指伸進桌上一個盛滿尿液的量杯裡，接著再把手指放進了自己嘴裡。

看完教授的舉動後，學生們都很震驚。教授隨後將那個杯子遞給學生，讓每一位學生照著他的樣子做。看著每個學生將手指伸入杯中，然後再塞進嘴裡，忍著嘔吐狼狽的樣子，他微微笑了笑說：「不錯，不錯，你們每個人都夠膽大的。」接著教授又難過起來：「只可惜你們都不夠細心，沒有注意到我伸入尿杯的是食指，放進嘴裡的卻是中指啊！」

也許你不止一次看過這個故事，但卻沒有認真地分析故事的深層意義。在故事中，教授用哪根手指伸入尿杯，而哪根手指放進嘴中就是關鍵性的細節，所有忽視了這個細節的人都受到了教訓。教授這麼做的本意就是要讓學生明白，無論是在學習還是工作中，必須學會觀察細節，不能忽視一些自認為不重要的事。

作為一名優秀的員工，每天要處理的事務十分繁多，不可能將所有的精

力全部投入細節之中，還必須確定策略的方向，做出決策。如何能在忙碌的工作中，既確定策略方向，做出正確的決策，又能透過挖掘和關注關鍵性細節對工作進行控制呢？

阿華是一名貿易工作者。一次，她負責一批出口抱枕的貿易項目，而這批抱枕卻被進口方加拿大海關扣留了。加拿大那方認為抱枕品質有問題，要求全部退回。

阿華怎麼想也想不出哪裡出問題。因為在與加拿大進口方的整個合作過程中，抱枕的布料、花色都是透過打樣和對方反覆確認的。那究竟是什麼原因讓海關扣留了貨物，甚至要求全部退貨呢？

最後透過仔細調查，才知道問題出在抱枕的填充物上。因為負責這項工作的員工誰都沒有重視填充物的作用，而都把注意力放在了抱枕的外套上。由於沒有和製造商提出填充物的標準的具體要求，製造商在其中混入了部分積壓的原料，導致在填充物中出現了小飛蟲。

就因為員工忽略了這些細節，使公司蒙受巨大的經濟損失，在客戶心中留下了不良的印象，為今後公司的發展設下障礙。

在本案例中，雖然填充物並非最關鍵的部分，卻也應作為產品的一個組成部分並重視它。如果當時有員工考慮到這個細節，或許結果就會皆大歡喜。

事物都是有關聯的，而你的成敗往往就由一些毫不起眼的細節決定。雖然決定事物性質的通常會是主要的部份，但是關鍵性的細節卻同樣有著扭轉全局的重要作用。

實際上，我們都明白：抓住關鍵細節，就是《孫子兵法》「知己知彼，百

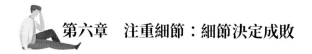

戰不殆」的現代運用。抓住關鍵細節，有助於我們「知彼」，也大大有益於我們「知己」。

　　對於一名想提升自我的員工來說，忽略了 1％ 的細節都可能造成 100％ 的失敗。

　　有人說過：「一個企業家要有明確的經營理念和對細節無限的愛。」一個成熟的職場人士，必須具備對細節的充分掌控能力。「千里之堤，毀於蟻穴」，往往正是這毫不起眼的細節，決定了事情的結局。忽視細節會付出慘痛的代價。往往在你的不以為意間，就錯失了獲得成功的機會。

　　點滴的小事之中蘊藏著豐富的機遇，不要因為它僅僅是一件小事而不去做。要知道，所有的成功都是在點滴之上累積起來的。

第七章

盡職盡責：責任比能力更重要

　　對待所有的工作都應該全心全意、盡職盡責才能做好，而這正是優秀的員工必備職業精神的基礎。一個人無論從事何種職業，都應該盡職盡責，盡自己的最大努力，求得不斷的進步。這不僅是工作的原則，也是人生的原則。作為現代企業的員工，要想成為企業的優秀員工，實現自我和集體價值的共同提升，就必須盡職盡責地對待自己的工作。

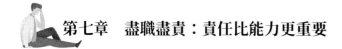

第七章　盡職盡責：責任比能力更重要

工作是每個人的責任

對於一名員工而言，只有具備高度責任感、懷有強烈的責任心，才能確保工作正常落實，進而推動事業的發展。

在工作中，每一名員工都必須具備高度的責任感，因為，責任是一個人的立身之本，更是落實工作最基本的保證。

然而，「責任」這個原本應該是每個員工基本道德範疇的問題，卻似乎被人們蒙上了「有麻煩」的面紗。於是，該做的工作不做，該負的責任不承擔，有的員工甚至忘記了自己的職責，成為工作之中看不出來、關鍵時刻站不出來的與其工作職位不符的人。最後，導致了工作無法落實，甚至造成嚴重的後果。

在一個企業裡，站在不同的職位就擁有不同的職位的職責，一個人的職位越高，權力越大，他所肩負的責任也就越重；一個人承擔的責任越多越大，他的人生價值也就越大。

下面這個就是一個非常典型的例子：

眾所周知的紅海「薩拉姆 98 號」沉船事件，似乎成了埃及人心中永遠抹不去的痛。然而，在心痛之餘，我們不得不反思，造成這次災難的原因竟是船長的不負責任？

2006 年，「薩拉姆 98 號」船艙起火，這位船長竟然決定讓渡輪繼續向前航行。而在危險來臨的時候，他第一個登上救生艇。

即使世界各國的海商法有關船長義務的具體規定不完全相同，可基本內容是一致的。

不難看出「薩拉姆 98 號」的船長無疑是怠忽職守，沒有任何的責任感可言。也正是因為他的怠忽職守造成了如此大的悲劇。

可見，當一個人忘記了自己的責任，使制度得不到有效落實的時候，將會產生多麼可怕的後果！這個例子也告誡我們每一名員工，不論什麼時候、在什麼地方、發生了什麼事情，都不要忘記自己的責任。

實際上，只有那些不推卸責任的員工，才有可能被賦予更多的使命，才有資格獲得更大的榮譽。一個缺乏責任感的員工，或者一個不負責任的員工，首先失去的是企業對自己的基本認可，其次失去了主管對自己的信任與尊重，最終也失去了信譽和尊嚴。

作為一名員工，你要明白，落實是每個人的責任，工作就意味著責任，工作不是為了謀生才做的事，而是你的一種使命，有了這種意識你就應該表現得更加優秀，從而最終落實工作。

在工作中勇於承擔責任，能夠使工作得到有效落實的員工，通常具有以下特質：

(1) 絕不置身事外

作為企業的一員，要把公司當做是自己的家庭一樣來看待。在工作之中，假如碰到一些不是自己職責範圍內的事務，也不要置身事外，而應該積極、主動地為公司處理好這些事務。儘管老闆沒有交待，也要把它們當成自己應該履行的職責，認真、負責地把它處理妥當，為公司消除隱患，這才是一名優秀而出色的員工。

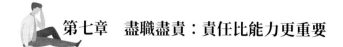

在企業制度下，員工雖然沒有義務做自己職責範圍以外的事，然而，在工作的過程中，只要是事關公司的事務，你就不應該袖手旁觀，置身事外。儘管做這些職務範圍以外的事務，會占用你寶貴的時間，但是，你的行為所展現出的責任心，將會為你贏得良好的聲響。社會在發展，公司在成長，個人的職責範圍也應該隨之擴大。不要總以這不是你分內的工作就為自己找理由來逃避責任，推卸責任。當額外工作降臨時，或許是「機遇」在向你揮手。

(2) 永遠記住「這是自己的工作」

「這是自己的工作！」這句話是每個員工都應該牢牢記住的。哪怕遇到困難，哪怕是最不可能完成的任務，也不要推託，只有你去接受他，你才有可能超越自己，才能保障工作落實。

總之，員工只有意識到自己在做的是一份不能推卸責任的工作，才會盡職盡責去提升自己的工作品質和服務態度，從而使工作得到有效的落實，推動事業的發展。

做責任的終結者

美國總統杜魯門上任後，在自己的辦公桌上擺了個牌子，上面寫著「The buck stops here」，中文的意思是：「責任到此，不能再推卸。」那就是說：「讓自己負起責任來，不要把問題丟給別人。」由此可見，負責是一個人不可缺少的精神。

大多數情況下，人們會對那些容易解決的事情負責，而把那些有難度的事情推給別人，這種想法常常會導致我們工作上的失敗。

有一個企業家說：「員工必須停止把問題推給別人，應該學會運用自己的意志力和責任感，著手行動，處理這些問題，讓自己真正承擔起自己的責任來。」

在工作和生活中，有些人總是抱著付出較少、得到更多的想法行事。在這種情況下，不負責任的問題就出現了。如果他們能夠花點時間，仔細考慮一番，就會發現，人生的因果法則首先排除了不勞而獲，因此我們必須要為自己身上發生的一切負責。

林肯說：「逃避責任，難辭其咎。」

世上有許多事情是我們無法控制的，但至少我們可以控制自己的行為。如果不對自己的過去行為負責，我們就不可能對自己的未來負責。面對自己曾做過的事，我們應該做的是承擔起自己的那份責任，而不是尋找藉口逃避責任。

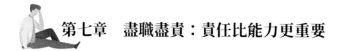

第七章 盡職盡責：責任比能力更重要

下面這個案例是一個醫生親眼目睹的一件常常發生的突發事件。

某地正在進行建設，工地一角突然坍塌，鷹架、鋼筋、水泥、紅磚無情地倒向下面正在吃午飯的民工，煙塵四起的工地頓時傳來傷者痛苦的呻吟。

這一切都被路過的兩輛遊覽車上的人看在眼裡，遊覽車停在路口，車裡迅速下來幾十名年過半百的老人，他們好像沒聽見領隊喊「時間來不及了」的抱怨，馬上開始有條不紊地搶救傷者。

現場沒有誇張的呼喊，沒有感人的誓言，只有默契的配合。沒有紗布就用乾淨襯衫壓住傷口。急救車趕來的時候，已經是 50 分鐘以後的事情了，從一個外科醫生的角度來看，這些老人們至少保住了 10 個工人的生命。

在機場，這名醫生又遇到了這些老人們的領隊 ── 兩個漂亮的年輕小姐一邊激烈地討論這麼多機票改簽和當地導遊的費用結算問題，一邊抱怨這些老人管了閒事讓她們兩個為難。

老人們此時已經換上了乾淨的衣服。醫生看清了，他們身上很多都是去掉了肩章的制服，陸海空都有，每個人都以平靜祥和的神態四處張望候機室的設施。醫生斷斷續續聽到其中一個老人面有歉疚地對兩個年輕小姐說道：

「當過軍醫……若是不管，心裡多麼過意不去……我們這脾氣……」

是啊，這個老人說得對，如果說責任還可以逃避，但你的心能嗎？一個人可以完全忘掉歉疚，或者帶著歉疚生活一輩子，只要他覺得這份歉疚對自己不會有任何影響。可是，你要知道，任何經歷過的歉疚都會像酸醋腐蝕鐵做的容器一樣慢慢侵蝕你的心靈，久而久之，讓你再也無法用明亮清澈的眼睛和一顆坦然的心對待工作和生活。

有句諺語說得好：「沒有一滴雨滴認為它們應當對洪災負責。」還有一格

言：「沒有一滴雨滴敢對花兒綻放居功。」

這兩句話說的都是責任。

責任感是人走向社會的關鍵，是一個人在社會上立足的重要資本。一個單位總是希望把每一份工作都交給責任心強的人，誰也不會把重要的職位交給一個沒有責任心的人。

有責任感的員工都不會推脫他們所應負的責任，他們深知，責任就像杜魯門總統的座右銘那樣：「責任到此，不能再推卸。」

主動要求承擔更多的責任或主動承擔責任，是我們成功的必備要素。人們能夠做出不同尋常的成績，是因為他們首先要對自己負責。沒有責任感的公民不是好公民，沒有責任感的員工不是優秀的員工，沒有責任感的人不是成熟的成年人。

任何時候，責任感對自己、對國家、對社會都是不可或缺的。要將責任根植於內心，讓它成為我們腦海中一種強烈的意識，在日常行為和工作中，這種責任意識會讓我們表現得更加卓越。

一個員工與其為自己的失職尋找理由，倒不如大大方方承認自己的失職。領導者會因為你能勇於承擔責任而不責難於你；相反，敷衍，推卸責任，找藉口為自己開脫，不但不會得到別人理解，反而會「雪上加霜」，讓別人覺得你不但缺乏責任感，而且還不願意承擔責任。

其實，人難免有疏忽的時候，沒有誰能做得盡善盡美，這是可以理解的。但是，如何對待已經出現的問題，就能看出一個人是否能夠勇於承擔責任。

約翰和大衛是快遞公司的兩名員工。他們兩個人是工作搭檔，工作一直

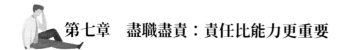

都很認真，也很努力。上司對這兩名新員工很滿意，然而一件事卻改變了兩個人的命運。

一次，約翰和大衛負責把一件大宗郵件送到碼頭。這個郵件很貴重，是一個古董，上司反覆叮嚀他們要小心。

沒想到，送貨車開到半路卻壞了。

大衛說：「怎麼辦，你出門之前怎麼不檢查一下車，如果不按規定時間送到，我們會被扣獎金的。」

約翰說：「我的力氣大，我來背吧，距離碼頭也沒有多遠了。而且這條路上的車很少，等車修好，船就開走了。」

「那好吧，你背吧，你比我強壯。」大衛說。

約翰背起郵件，一路小跑，終於按照規定的時間趕到了碼頭。這時，大衛說：「我來背吧，你去叫買家。」他心裡暗想，如果客戶能把這件事告訴老闆，說不定還會加我薪水呢。他只顧著想，當約翰把郵件遞給他的時候，他卻沒接住，郵包掉在了地上，「嘩啦」一聲，古董碎了。

「你怎麼回事，我沒接你就放手。」大衛大喊。

「你明明伸出手了，我遞給你，是你沒接住。」約翰辯解道。

約翰和大衛都知道，古董打碎了意味著什麼。沒了工作不說，可能還要背上沉重的債務。果然，老闆嚴屬的批評了他們兩個。

「老闆，不是我的錯，是約翰不小心弄壞的。」大衛趁著約翰不注意，偷偷來到老闆的辦公室，對老闆說。老闆平靜地說：「謝謝你，大衛，我知道了。」

隨後，老闆把約翰叫到了辦公室。「約翰，到底怎麼回事？」約翰就把

事情的原委告訴了老闆，最後約翰說：「這件事情是我們的失職，我願意承擔責任。另外，大衛的家境不太好，如果可以的話，他的責任我也來承擔。我一定會彌補上我們的損失的。」

約翰和大衛一直等待處理的結果，但是結果很出乎他們兩人的意料。

老闆把約翰和大衛叫到了辦公室，老闆對他們說：「公司一直對你們很器重，想從你們當中選擇一個人擔任客服部經理，沒想到卻出了這樣一件事情，不過也好，這會讓我們更清楚哪一個人是合適的人選。」

大衛暗喜，「一定是我了。」

「我們決定請約翰擔任公司的客服部經理，因為，一個能夠勇於承擔責任的人是值得信任的。約翰，用你賺的錢來償還客戶。大衛，你自己想辦法償還給客戶，對了，你明天不用來上班了。」

「老闆，為什麼？」大衛問。

「其實，古董的主人已經看見了你們在遞接古董時的動作，他跟我說了他看見的事實。還有，我也看到了問題出現後你們兩個人的反應。」老闆最後說。

任何一個領導者都清楚，能夠勇於承擔責任的員工、能夠真正負責任的員工對於公司的意義。問題出現後，推卸責任或者找藉口，都不能掩飾一個人責任感的匱乏。如果你想這麼做，那麼，可以坦率地說，這種藉口沒有什麼作用，反而會讓你更缺乏責任感。

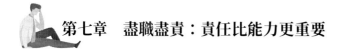

第七章　盡職盡責：責任比能力更重要

拒絕一切藉口

很多人遇到困難不知道努力解決，而只是想到找藉口推卸責任，這樣的人很難成為核心的員工。

藉口是可以克服的，只有勤奮努力地工作，才能讓你找到成就感。

「拒絕一切藉口」應該成為所有公司奉行的最重要的行為準則，它強調的是每一位員工想盡辦法去完成任何一項任務，而不是為沒有完成任務去尋找任何藉口，哪怕看似合理的藉口。其目的是為了讓員工學會適應壓力，培養他們不達目的不罷休的毅力。它讓每一個員工懂得：工作中是沒有任何藉口的，失敗是沒有任何藉口的，人生也沒有任何藉口。

盡自己的本分就要我們勇於承擔責任，勇於正視問題。承擔意味著解決問題的責任，要讓自己有擔當。

沒有面對問題的勇氣，承擔就沒有基礎；沒有承擔責任的能力，面對就沒有價值。

放棄承擔，就是放棄一切。假如一個人除為自己承擔之外，還能為他人承擔，他就會無往而不勝。

人們必須付出很多的心力才能夠成為卓越的人，但是如果只是找個藉口應付為什麼自己不全力以赴的理由，那真是不用費什麼力氣。

藉口往往與責任相關，高度的責任心產生出色的工作成果。要做一個優秀的員工，就要做到沒有藉口，勇於負責。

許多員工習慣於等候和按照主管的吩咐做事，似乎這樣就可以不負責任，即使出了錯也不會受到譴責。這樣的心態只能讓人覺得你目光短淺，而且永遠不會將你列為升遷的人選。

勇於負責表面上是為工作負責、為老闆負責，實際上是為自己負責。

勇於負責並不是「盲目負責」，如果你一點信心都沒有，誰又敢讓你負責呢？從人品上講，勇於負責的是英雄，盲目負責的是笨蛋，不負責的是平庸之輩。

勇於負責就要徹底摒棄藉口，藉口對我們有百害而無一利。

某個公司的一個聽下屬的「藉口」聽到不勝其煩的經理在辦公室裡貼上了這樣的標語：「這裡是『無藉口區』。」

他宣布，8月份是「無藉口月」，並告訴所有人：「在本月，我們只解決問題，我們不找藉口。」

這時，一個顧客打電話來抱怨該送的貨遲到了，物流經理說：「的確如此，貨遲了。下次再也不會發生了。」

隨後他安撫顧客，並承諾補償。掛斷電話後，他說自己本來準備向顧客解釋遲到的原因，但想到8月是「無藉口月」，也就沒有找理由。

後來這位顧客向公司總裁寫了一封信，評價了在解決問題時他得到的出色服務。他說：沒有聽到千篇一律的託辭令他感到意外和新鮮，他讚賞公司的「無藉口運動」是一個很棒的運動。

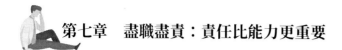

第七章　盡職盡責：責任比能力更重要

責任比智慧更重要

　　一家外貿公司的老闆要到美國辦事，且要在一個國際性的商務會議上發表演說。他身邊的幾名要員忙得頭暈眼花，甲負責演講稿的草擬，乙負責擬訂一份與美國公司的談判方案，丙負責後勤工作。

　　在該老闆出國的那天早晨，各部門主管也來送行，有人問甲：「你負責的內容打好了沒有？」

　　甲睜著那惺忪睡眼說道：「幾乎整晚沒睡，我實在撐不住就睡著了。反正我負責的內容是以英文撰寫的，老闆看不懂英文，在飛機上不可能複讀一遍。等他上飛機後，我回公司去把內容打好，再以訊息傳過去就可以了。」

　　誰知轉眼之間，老闆駕到。第一件事就問這位主管：「你負責準備的那份檔案和資料呢？」這位主管按照他的想法回答了老闆。老闆聞言，臉色大變：「怎麼會這樣？我已計劃好利用在飛機上的時間，與同行的外籍顧問研究一下自己的報告和資料，別白白浪費坐飛機的時間呢！」

　　甲的臉色一片慘白。

　　到了美國後，老闆與要員一起討論了乙的談判方案，整個方案不但全面而且很有針對性，既包括了對方的背景調查，也包括了談判中可能發生的問題和策略，還包括如何選擇談判地點等很多細緻的內容。乙的這份方案大大超過了老闆和眾人的期望，誰都沒見到過這麼完備而又有針對性的方案。後來的談判雖然艱辛，但因為對各項問題都有細緻的準備，所以這家公司最終贏得了談判。

出差結束回國後，乙得到了老闆的重用，而甲卻受到了老闆的冷落。

在上面的例子裡，甲與乙所負責的工作都與老闆的事務密切相關。但是甲卻疏忽了老闆行程安排上可能會有的變故，不但耽誤了老闆的工作，為公司帶來了麻煩和損失，也破壞了自己在老闆心目中的地位。而乙完備而周詳的方案則顯示出乙對公司高度的責任感。其實，與甲相比，乙不過是多承擔了一份責任而已，其結果卻大不相同。

曾經看過這樣一則新聞，說是某一家醫院在同一天為兩個患不同病症的兒童做手術。由於手術時間只相差十幾分鐘，當時又只有一輛手推車，護理師懶得跑兩趟，便把兩個患者放在同一輛車上，進入手術室後也未核對患者病史資訊，就隨意把兩人放到兩個不同的手術臺上。結果，要做扁桃體肥大摘除手術的患者失去了膽囊，另一位喉管正常的兒童卻留下了咽部殘疾。

這個故事發人深省，這位護理師在履行職責時只差了一點點，然而結果卻已截然不同。這就是只缺少一點點責任感而造成的後果。

巴頓將軍在他的戰爭回憶錄《我所知道的戰爭》中曾寫到這樣一個細節：

「我要提拔人時常常把所有的候選人排在一起，讓他們提一個我想要他們解決的問題。我說：『夥伴們，我要在倉庫後面挖一條戰壕，8 英尺長，3 英尺寬，6 英寸深。』我就告訴他們那麼多。我有一個有窗戶和小孔的倉庫。候選人正在檢查工具時，我走進倉庫，透過窗戶或小孔觀察他們。我看到他們把鍬和鎬都放到倉庫後面的地面上。他們休息幾分鐘後開始議論我為什麼要他們挖這麼淺的戰壕。他們有的說 6 英寸深怎能當火炮掩體，其他人爭論說這樣的戰壕太熱或太冷。如果他們是軍官，他們會抱怨他們不該做挖戰壕這麼普通的體力勞動。最後，有個人對別人下命令：『讓我們把戰壕挖好後離開這裡吧。那個老傢伙想用戰壕做什麼跟我們一點都沒關係。』」

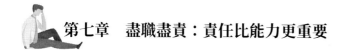

最後，巴頓告訴大家，那個人得到了提拔。

這個人並沒有問挖這樣一條戰壕的目的是什麼，他只是根據服從的觀念，開始動手將挖戰壕的事付諸行動，而其他的人則先開始思考。

在西點軍校，即使是立場最自由的旁觀者，都相信一個觀念，那就是「不管叫你做什麼都照做不誤」，這樣的觀念就是服從的觀念。服從命令是軍人的天職，也是他們最大的責任。

商場如戰場，服從的觀念在企業界同樣適用。每一位員工都必須服從上級的安排，就如同每一個軍人都必須服從上司的指揮一樣，服從的人必須暫時放棄個人的獨立自主，全心全意去遵循所屬機構的價值觀念，這就是員工的責任。大到一個國家、軍隊，小到一個公司、部門，成員是否能夠堅決的履行他們的責任將決定其成敗。即使是細微的地方，一點責任感的缺失，都會對員工自己和公司造成意想不到的後果，這個時候，每個員工都需要牢記：責任比智慧更重要

鎖定責任，才能鎖定結果

責任感強的員工通常能比他人更容易從工作中學到知識，累積更多的經驗，鎖定結果，落實工作。

在工作中，有很多員工即使有責任意識，也比較淡薄，很可能會因自身長期的懶惰或外界的誘惑，而很快地放棄自己的原則和責任感。我們經常會聽見：「上班有什麼意思，老闆根本就不重用我。」「過一天算一天吧，不至於丟掉飯碗就行了！」這樣的員工就是責任感淡薄的表現。只有失去強烈責任感的人，才會埋怨找不到事做或懷才不遇，整天無所事事。

作為公司的一員，就應該具備強烈的責任感，以企業的發展為己任，即使老闆沒有交待，也應當積極主動地為公司出謀劃策，做自己力所能及的事情，為公司消除隱患，這才是一名優秀而出色的落實者。

責任心是一個落實者最不能缺少的東西，忠實地在自己的職位上盡職盡責，最普通的工作也能偉大起來。一個人要想有所作為，一定要有責任心，因為要實現自立自強的成功人生，健康的心理和獨立的手段固然重要，但是如果缺乏責任心的確立，自立自強的人生目標還是無法實現。員工具有強烈的責任心表現在：

(1) 對公司負責

小劉大學畢業之後，便來到一家工廠擔任技術員。經過幾年的實踐鍛鍊，在老前輩的幫助下取得了一定的成績，並且被提拔為工廠副主任，負責

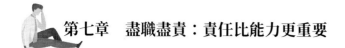

第七章　盡職盡責：責任比能力更重要

工廠的生產技術工作。小劉一帆風順，漸漸地滋生出一種自以為是的心態，總覺得自己了不起，看不起他人，也不尊重別人的意見。

有一次，工廠的生產線發生了一些問題，產品品質也受到了非常嚴重的影響。小劉到工廠看過之後，便立即斷言是某一道工序中化學原料的調配比例不對，認為在投放新的一家企業提供的原材料後，原有的調配比例必須改變。根據他的意見，工人們做了調整，但情況仍不見好轉。此時，另一位技術人員提出了不同的見解，認為問題的癥結點並不是新的原料或原料的調配比例不對，而在於設備本身的問題。對此，小劉從內心覺得技術員的看法非常合理，但是，他覺得自己是負責全工廠技術的領導者，如今自己的判斷出現了失誤，反而不如一位普通技術員，假如隨便地承認或接受，豈不是太丟人，太沒有面子了。

為了顧全面子，小劉一方面繼續堅持自己的看法，另一方面也請專人對設備進行必要的維修和調整。但是由於耽誤了時機，問題最終還是爆發了，讓公司造成了巨大損失。小劉在羞愧之中提出辭職。

本來，如果小劉能聽從那個普通技術員的意見，勇於面對自己的失誤，承擔自己該承擔的責任的話，那麼周圍的同事不僅不會看不起他，反而會覺得他能勇於改正自己的缺點和錯誤，是一位有膽有識的領導者，值得尊敬。但是，他卻偏偏害怕丟臉，試圖維護自己在人們心中的權威和形象，而完全不考慮公司利益。

所以，不論是不是你的工作職責，只要關係到公司的利益，就應毫不猶豫地加以維護，主動承擔。對於一個想獲得提升的員工，公司的任何一件事都是他的責任。

(2) 對團隊負責

作為公司裡的一名職員，必須要從團隊的角度出發，樹立起自己對團隊工作認真負責的信念。每一個公司都類似於一個大家庭，其中的每一位成員都僅僅是其中的一份子而已，只有每一個人都具備了團隊工作的精神後，才能對團隊的工作認真負責，保證工作的落實。

江某是一家行銷公司的一名優秀的行銷員。他所在的部門裡，曾經因為團隊工作的精神非常出眾，而使每一個人的業務成績都特別突出。

後來，這種和諧融洽的合作氛圍被大衛破壞了。前一段時間，公司的高層把一項非常重要的專案安排給江某所在的部門，江某的主管反覆考慮，猶豫不決，最終沒有拿出一個可行的工作方案。而江某則認為自己對這個項目有了非常周詳而又容易操作的方案。為了表現自己，他沒有與主管協調，更沒有向他貢獻出自己的方案。而是越過他，直接向總經理說明自己願意承擔這項任務，並向他提出了可行性方案。

江某的這種做法，嚴重地傷害了部門經理的自尊心，破壞了團隊精神。結果，當總經理安排他與部門經理共同執行這個專案時，兩個人在工作上不能達成一致意見，產生了很大的分歧，導致了團隊內部出現了分裂，團隊精神渙散。專案最終也在他們手中流失了。

因此，一個員工只有從團隊的角度出發，考慮問題，才能落實工作，獲得團隊與個人的雙贏結果。

(3) 對客戶負責

客戶只有對某家公司有十足的信任，他才會與之進行合作。因此，負責與客戶接觸的員工，就必須對之盡責，以展現自己的職業道德。其中最重要

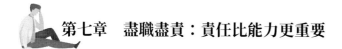

的一點就是不在背後評論客戶是非。不論哪個客戶，也是因為信任你，給你面子才光顧你的公司，絕不能讓他們付了錢還得難堪。「顧客就是上帝」，這是從商者的信條。

員工的一切職業活動，必須以客戶的利益為出發點和歸宿，把服務群眾的工作職位，作為實現自我價值和企業價值的舞臺，踏踏實實地完成工作任務，並從中感受人生的樂趣，真正地實現人生價值。

當然，顧客不可能永遠都是對的。當他們蠻不講理的時候，正是你發揮專業才能的時候。假如與他們一般見識，讓公司造成損失，只能說明你缺乏修養，不具備應有的職業道德。

假如你想落實工作，贏得一個完美的結果，最直接的辦法莫過於積極尋求並抓牢實現公司利益的每一個機會，即使和你沒有任何關係，你也要主動負責，認真做到最好。只有積極主動對自己的行為負責，對公司和老闆負責，對公司的客戶負責的員工，才是老闆心目中最佳的員工。

責任承載著能力

責任承載著能力，如果你有能力承擔更多的責任，而你慶幸自己只承擔了一份，那麼，首先你是一個不願意承擔責任的人；其次，你拒絕讓自己的能力有更大的進步空間，甚至是對自己有所超越；再次，你先放棄了自己，然後放棄了能夠承擔更多責任的義務；最後，你辜負了別人也辜負了自己，因為你的能力永遠由責任來承載，也因責任而得到展現，你與成功的距離不但不會縮短，反而會一天天拉遠。

喬治畢業後，到一家鋼鐵公司工作還不到一個月，就發現很多煉鐵的礦石並沒有完全充分的冶煉，一些礦渣中還殘留沒有被冶煉好的鐵。他覺得如果這樣下去的話，公司豈不是會有很大的損失。

於是，他找到了負責這項工作的工人，跟他說明了問題，這位工人說：「如果技術有了問題，工程師一定會跟我說，現在還沒有哪一位工程師向我說明這個問題，說明現在沒有問題。」

喬治又找到了負責技術的工程師，對工程師說明了他看到的問題。工程師很自信地說他們的技術是世界上一流的，怎麼可能會有這樣的問題。工程師並沒有把他說的話看成是一個很大的問題，還暗自認為，一個剛剛畢業的大學生，能明白多少，不會是因為想博得別人的好感而表現自己而已。

但是喬治認為這是個很重要的問題，於是他拿著沒有冶煉好的礦石找到了公司負責技術的總工程師，他說：「先生，我認為這是一塊沒有冶煉好的礦石，您認為呢？」

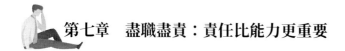

總工程師看了一眼，說：「沒錯，年輕人，你說得對。哪裡來的礦石？」

喬治說：「是我們公司的。」

「怎麼會，我們公司的技術是一流的，怎麼可能會有這樣的問題？」總工程師很詫異。

「工程師也這麼說，但事實確實如此。」喬治堅持道。

「看來是出問題了。怎麼沒有人向我反映？」總工程師有些發火了。

總工程師召集負責技術的工程師來到工廠，果然發現了一些沒有充分冶煉的礦石。經過檢查發現，原來是監測機器的某個零件出現了問題，才導致了冶煉的不完全。

公司的總經理知道了這件事之後，不但獎勵了喬治，而且還晉升喬治為負責技術監督的工程師。總經理感慨地說：「我們公司並不缺少工程師，但缺少的是負責任的工程師，這麼多工程師就沒有一個人發現問題，而且有人提出了問題，他們還不以為然。對於一個公司來講，人才是重要的，但是更重要的是真正有責任感的人才。」

喬治從一個剛剛畢業的大學生成為負責技術監督的工程師，可以說是一個突破性的進展，他能獲得工作之後的第一步成功就是來自於他的責任感，正如公司總經理所說的那樣，公司並不缺少工程師，並不缺乏能力出色的人才，但缺乏負責任的員工，從這個意義上說，喬治正是公司最需要的人才。他的責任感讓他的領導者認為可以對他委以重任。

如果你的主管讓你去執行某一個命令或者指示，而你卻發現這樣做可能會大大影響公司利益，那麼你一定要理直氣壯地提出來，不必去想你的意見可能會讓你的上司生氣或者就此衝撞了你的上司。大膽地說出你的想法，讓

你的主管明白，作為員工，你不是在刻板地執行他的命令，你一直都在思考，考慮怎樣做才能更好地維護公司的利益和主管的利益。

同樣，如果你有能力為公司創造更多的效益或避免不必要的損失，你也一定要付諸行動。因為，沒有哪一個主管會因為員工的責任感而批評或者責難你。相反，你的主管會因為你的這種責任感而對你青睞有加。因為工作的責任感會讓你充分發揮自己的能力，這種人將被委以重任，而且大概也永遠不會失業。

一個工作內容是管理測量重量數據的小員工，也許會因為懷疑計量工具的準確性，而使計量工具得到修正，從而為公司挽回巨大的損失，儘管計量工具的準確性屬於總機械師的職責範圍。正是因為這種責任感，才會讓你得到別人的刮目相看，或許這正是你脫穎而出的一個好機會。相反，如果你沒有這種責任意識，也就不會有這樣的機會了。成功，在某種程度上說，就是來自責任。

一家公司的人事部主管正在對應聘者進行面試。除了專業知識方面的問題之外，還有一道在很多應聘者看來似乎是小孩子都能回答的問題。不過正是這個問題將很多人拒之於公司的大門之外。題目是這樣的：

在你面前有兩種選擇，第一種選擇是，提兩桶水上山幫山上的樹澆水，你有這個能力完成，但會很費力。還有一種選擇是，提一桶水上山，你會輕鬆自如，而且你還會有時間回家睡一覺。你會選擇哪一個？

很多人都選擇了第二種。

當人事部主管問道：「提一桶水上山，沒有想到這會讓你的樹苗很缺水嗎？」遺憾的是，很多人都沒想到這個問題。

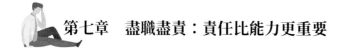

　　一個小夥子卻選了第一種做法，當人事部主管問他為什麼時，他說：「提兩桶水雖然很辛苦，但這是我能做到的，既然能做到的事為什麼不去做呢？何況，讓樹苗多喝一些水，它們就會長得很好。為什麼不這麼做呢？」

　　最後，這個小夥子被留了下來。而其他的人，都沒有透過這次面試。

　　該公司的人事部主管是這樣解釋的，「一個人有能力或者透過一些努力就有能力承擔兩份責任，但他卻不願意這麼做，而只選擇承擔一份責任，因為這樣可以不必努力，而且很輕鬆。這樣的人，我們可以認為他是一個責任感較差的人。」

　　當你能夠盡自己的努力承擔兩份責任時，你所得到的收穫可能就是綠樹成林，相反，你看起來也在做事，可是由於沒有盡心盡力，你所獲得的可能就是滿目荒蕪。這就是責任感不同的差距。

　　這個題目很簡單，但裡面蘊涵著豐富的內容，往往越是簡單的問題越能看到一個人本質的那一面。因為簡單，就無須考慮，就更是出自內心的真實回答，就越能檢驗出一個人的真實品性。

　　如果你有能力承擔更多的責任，就別為只承擔一份責任而慶幸，因為你只知道這樣會很輕鬆，但卻不知道會為此失去更多的東西。

責任比能力更重要

　　有一位偉人曾經說過：「人生所有的經驗都必須排在勇於負責的精神之後。」責任能夠讓一個人具有最佳的精神狀態，精力旺盛的投入工作，並將自己的潛能發揮到極致。

　　一位化妝品公司的老闆費拉爾先生重金聘請了一位叫傑西的副總裁，傑西非常有能力，但到公司一年多來，卻幾乎沒有創造什麼價值。

　　傑西的確是一個人才，從他的檔案上來看，他畢業於哈佛大學，到費拉爾的公司之前，曾經在 3 家公司擔任高層主管。他非常擅長公司營運，曾經帶領一個 5 人團隊，用 3 年時間將一個 20 人的小公司發展成為員工上千人、年營業額 5 億多美元的中型公司，創造了令同行稱道的「傑西速度」；在 1998 年至 2000 年間，他更是在華爾街掀起一陣「傑西旋風」。

　　這樣出色的人才，怎麼會創造不了價值呢？

　　「在個人能力方面，我是絕對信任他的。」費拉爾先生說。

　　「你了解他具備哪些能力嗎？」一位人力資源管理師問他。

　　「當然了解，在請他來之前，我是非常慎重的，我請專業獵頭公司對他進行了全面的能力測試，測試結果令我非常滿意。」費拉爾說，他還詳細列舉了傑西具備的各種能力，並舉出了傑西以前工作中的很多成功案例來佐證。

　　確實，費拉爾先生對傑西的能力是非常了解和倚重的，但是作為一名高層主管，傑西所需要的，絕不僅僅是薪水，單靠薪水，是難以建立他這種綜

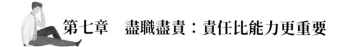

合能力很高的人才的責任感的。後來經過深入的溝通，那位管理師發現，傑西是一個勇於接受挑戰的人，工作的難度越大，越能激起他奮鬥的欲望，他隨時都有準備衝鋒陷陣的衝動。應該說，這樣的人才是公司的寶貴財富。

「在進入公司之初，我滿懷熱情，決心做一番大事業，可是後來，我發現一切都不是我想像的那樣，越來越覺得沒有熱情，對公司也漸漸失去了認同，對自己的工作失去了認同。」傑西終於說出了心裡的想法。他說：「我希望有一個能夠努力奮鬥而沒有拘束的工作環境，不喜歡太多的束縛。」

原來，傑西的上司費拉爾先生有兩個致命的弱點：一是對所用之人難以放心，害怕有人挖公司的牆腳；二是喜歡親自處理事情，經常越級指揮。在很多事情上，使傑西感覺自己形同虛設。

傑西最需要的，應該是需求層次中的「自我實現的需求」，如果能夠以業績來證明自己，就是他人生最大的快樂。

找到問題之後，管理師請費拉爾和傑西一起坐下討論，共同分析公司授權和指揮系統方面的問題，明確劃分出作為董事長兼總裁的費拉爾的職權範圍和作為副總裁的傑西的職權範圍，共同制定了公司的授權制度，以及公司指揮原則。透過他們的共同努力，情況發生了很大的變化。傑西幾乎變了一個人，他做出了很多成績，而且，費拉爾先生和他已經成了不可分離的親密戰友。

這個案例很具有啟發意義，傑西的轉變，使他自身出眾的才能得以充分發揮。而促使他轉變的關鍵因素，則是重新喚起了他對公司的責任感。

實際上，傑西本人是極富責任感的 —— 當然，他的能力也是一流的，但他在費拉爾先生的公司裡起初的無所作為和以後的成功表現證明了責任比能

力更重要。

然而，讓我們感到萬分遺憾的是，在現實生活以及工作中，責任經常被忽視，人們總是片面地強調能力。

的確，戰場上直接打擊敵人的，是能力；商場上直接為公司創造效益的，也是能力。而責任，似乎沒有發揮直接打擊敵人和創造效益的作用。可能正是因為這一點，導致人們重能力而輕責任。

面試官在招聘新員工時，關注的總是「你有什麼能力」、「你能勝任什麼工作」、「你有什麼特長」之類關於能力方面的問題，而很少關注「你能融入到我們公司的文化中嗎」、「你認同我們公司的理念嗎」、「你如何理解對公司的熱愛」等關於責任的問題。

主管們在分派任務時，也無意識中犯著類似的錯誤。他們過度強調員工「能夠做什麼」，而忽視了員工「願意做什麼」。

一個員工能力再強，如果他不願意付出，他就不能為公司創造價值，而一個願意為公司全身心付出的員工，即使能力稍遜一籌，也能夠創造出最大的價值來。這就是我們常常說的「用 B 級的人才辦 A 級的事情」，「用 A 級的人才卻辦不成 B 級的事情」。一個人是不是人才固然很重要，但最關鍵的還在於這個人才是不是一個公司真正意義上負責任的員工。

當然，責任比能力更重要，並不是對能力的否定。一個只有責任感而無能力的人，是無用之人。而責任則需要用業績來證明，業績是靠能力去創造的。對一個公司來說，員工的能力和責任都是互相影響的。

卡爾先生是美國一家航運公司的總裁，他提拔了一位非常有潛力的人到一個生產落後的船廠擔任廠長。可是半年過後，這個船廠的生產狀況依然不

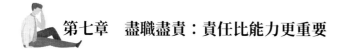

能夠達到生產指標。

「怎麼回事？」卡爾先生在聽了廠長的匯報之後問道，「像你這樣優秀的人才，為什麼不能夠拿出一個可行的辦法，激勵他們完成規定的生產指標呢？」

「我也不知道。」廠長回答說，「我也曾用獎金的方法引誘，也曾經用強迫壓制的手段威逼，甚至以開除或責罵的方式來恐嚇他們，無論我採取什麼方式，都改變不了工人們懶惰的現狀。他們就是不願意工作，實在不行就招聘新人吧，讓他們走人！」

這時恰逢太陽西下，夜班工人已經陸陸續續向廠裡走來。「給我一支粉筆，」卡爾先生說，然後他轉向離自己最近的一個日班工人，「你們今天完成了多少生產數量？」

「6 個。」

卡爾先生在地板上寫了一個大大的、醒目的「6」字以後，一言不發就走開了。當夜班工人進到作業間時，他們一看到這個「6」字，就問是什麼意思。

「卡爾先生今天來這裡視察，」日班工人說，「他問我們完成了多少的工作量，我們告訴他 6 個，他就在地板上寫了這個 6 字。」

次日早晨卡爾先生又走進了這個作業間，夜班工人已經將「6」字擦掉，換上了一個大大的「7」字。下一個早晨日班工人來上班的時候，他們看到一個大大的「7」字寫在地板上。

日班工人以為夜班工人比他們好，他們決定要讓夜班工人知道他們的能力！於是他們全力以赴地努力工作，下班前，留下了一個神氣活現的「10」

字。生產狀況就這樣逐漸好起來了。不久，這個一度是生產落後的工廠比公司別的工廠產出還要多。

卡爾先生就這樣巧妙的達到了提升生產效率的效果，是因為他用一個數字激起了員工對公司的責任意識。而這種責任感使得員工充分發揮出他們的能力，創造出令人驕傲的業績。

敬業是責任精神的展現

責任是由許多小事構成的。無論多麼小的事，都能夠比任何人做得都好，這就是敬業的精神。

敬業，就是尊敬、尊崇自己的職業。如果一個人以一種尊敬、尊崇的態度對待工作，甚至對工作有敬畏的態度，他就已經具有敬業精神。沒有真正的敬業精神，就不會將眼前的普通工作與自己的人生意義連結起來，就不會有對工作的敬畏態度，當然就不會有神聖感和使命感產生。

有一個替人割草的打工男孩打電話給布朗太太說：「您需不需要割草？」

布朗太太回答說：「不需要了，我已有了割草工。」

男孩又說：「我會幫您拔掉草叢中的雜草。」

布朗太太回答：「我的割草工已做了。」

男孩又說：「我會幫您把草與走道的四周割齊。」

布朗太太說：「我請的那人也已做了，謝謝你，我不需要新的割草工人。」

男孩便掛了電話。此時，男孩的室友問他：「你不是在布朗太太那裡割草打工嗎？為什麼還要打這個電話？」

男孩說：「我只是想知道我究竟做得好不好！」

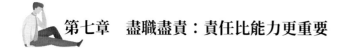

第七章　盡職盡責：責任比能力更重要

有人問一位哲學家，成功的第一要素是什麼？他回答說：「喜愛你的工作。如果你熱愛自己所從事的工作，哪怕工作時間再長再累，你都不覺得是在工作，反而像是在玩遊戲。」

敬業是一種責任精神的展現。一個有敬業精神的人，才會真正為公司的發展做出貢獻，自己也才能從工作中獲得樂趣。

《天生我材必有用》（Door To Door）這部電影中，主角比爾‧波特（Bill Porter）是英國成千上萬推銷員中的一個。與其他人相同的是每天早上起得很早，為了一天的工作準備；與其他人不相同的是，他要花 3 個小時到達他要去的地點。不管多麼痛苦，比爾‧波特都堅持著這段令人筋疲力盡的路程。工作是他的一切，他以此為生，同時以此展現生命的價值。

要知道，他比一般人艱難得多。他出生於 1932 年，母親生他時，醫生用鑷子助產時不慎夾碎了他大腦的一部分，導致他患上了大腦神經系統癱瘓，影響到說話、行走和對肢體的控制。比爾長大後，人們都認為他肯定在神志上會存在嚴重的缺陷和障礙，社會福利機關將他定為「不適於被雇傭的人」，專家也認為他永遠也不能工作。

比爾應該感謝他的母親，是她一直鼓勵他做一些力所能及的事情，她一次又一次對他說：「你可以，你能夠工作，能夠自立！」比爾受到母親的鼓勵後，開始從事推銷工作。他從來沒有將自己視為身障者。

最初，他向製造刷子的公司申請工作，這家公司拒絕了他，並說他根本不適合工作。接著幾家公司採用同樣的態度回覆他，但比爾沒有放棄，最後，懷特金斯公司很不情願地接受了他，但也提出了一個條件——比爾必須接受沒有人願意承擔的兩個地區的業務。雖然條件苛刻至極，但畢竟有一份工作了，比爾立刻答應了。

1959 年，比爾第一次上門推銷，猶豫了四次，他才鼓起勇氣按響門鈴。第一家沒有人買他的商品，第二家、第三家也一樣……但他堅持著，以敬業的精神來支撐自己堅持著，即使顧客對產品絲毫不感興趣，甚至嘲笑他，他也不灰心喪氣。終於，他取得了成績，由小成績到大成績。

他每天工作及走在路上的時間得花掉 14 個小時，當他晚上回到家時，已經是筋疲力盡，他的關節會痛，偏頭痛也時常折磨著他。每隔幾個星期，他會列印一份顧客訂貨清單。由於他只有一隻手是方便使用的，這項別人做起來非常簡單的工作，他卻要花掉 10 個小時。他辛苦嗎？當然辛苦，但心中對公司、對工作、對顧客，以及對自己的信心支撐著他，他什麼苦都能夠撐住。比爾負責的地區，有越來越多的門被他敲開，門內人購買了他的商品，業績也不斷成長。在他做到第 24 年時，他已經成為銷售技巧最好的推銷員。

進入 1990 年代時，比爾 60 多歲了。懷特金斯公司已經有了 6 萬多名推銷員，不過，他們是在各地商店推銷商品，只有比爾一個人仍然是上門推銷。許多人在打折商店大量地購買懷特金斯公司的商品，因此比爾越來越難上門推銷，面對這種趨勢，比爾付出了更多的努力。

1996 年夏天，懷特金斯公司在全國建立了連鎖機構，比爾再也沒有必要上門推銷了。但此時，比爾成了懷特金斯公司的「產品」，他是公司歷史上最出色的推銷員、最敬業的推銷員、最富有執行力的推銷員。公司以比爾的形象和事蹟向人們展現公司的實力，還把第一份最高榮譽傑出貢獻獎給了比爾。

比爾的故事告訴我們，無論怎麼樣的人，如果他有了一個自己喜歡和適合去做的職業，同時也就是擁有了自己的生活方式。在這個平臺上，他才能與社會真正融為一體，說得更確切一些，是為某個團隊、某種事業工作。

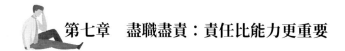

第七章　盡職盡責：責任比能力更重要

　　敬業精神是個人原則和職業原則的結合。敬業精神最重要的是自我經營的態度，把自己當成老闆，把公司的事當成自己的事。

　　每個人對於自己的工作都應該這樣想：我投身於企業界是為了自己，我也是為了自己而工作。固然，薪水是要努力賺一些，這是維持生活的必要條件。如果你是這樣想的，而且已經做好了充分的準備，並付諸了實際的行動，你就會成為某個行業、某個團體、某個公司真正不可或缺的人。

第八章

團隊為王：融入你的團隊

一個組織有凝聚力，才有戰鬥力。團隊的成員聚在一起，就應該有團隊意識。融入團隊，服從團隊的最終利益，不用督促，不怕犧牲，為了團隊的勝利發揮自己的力量，這樣的團隊是戰無不勝的團隊，這樣的員工才是企業最優秀的員工。

團隊的力量是無窮的

　　一盤散沙，儘管它金黃發亮，仍然沒有太大的作用，但是如果建築工人把它摻在水泥中，就能成為建造高樓大廈的水泥板和水泥墩柱；如果化工廠的工人把它燒結冷卻，它就變成晶瑩透明的玻璃。一個人猶如沙粒，只有與人合作，才會產生意想不到的變化，成為不可思議的有用之材。一個人只有學會與人合作，才能讓自己的事業不斷向前。

　　我們如果把沙子、水泥和石頭堆在一起，在沒有水的情況下，這些東西是相互分開的，它們只是混合物。但如果在這三樣東西裡加入水，攪拌成混凝土後，本質就會發生變化，它們之間就會充分的融合，堅不可摧。因此，最佳整體不是最佳個體的集合，而是透過個體合理的搭配組合，才能產生出的最大、最佳效能。

　　合理的人才搭配可以使人才個體在總體協調下釋放出最大的能量，從而產生出良好的組織效能。一個組織的效能，固然決定於各個人才的素養，但更有賴於合理的人才結構。結構的殘缺會影響組織的運轉；多餘的能力或不協調會增加內耗。合理的人才結構，能夠使人才各揚其長、互補其短，由此，誕生出一種「集體力」，一種超過個人能力總和的新的合力。

　　因此，一個人要想獲得成功，一定要注意與其他人的配合、互補和相互取長補短，達到絕對的默契。在一個團隊中，既要有盟主，又要有智囊、智謀，還要有執行的人。在執行的人中也不是清一色的類型，要盡量找到才能、性格不一樣，有剛有柔的人，形成才能互補，性格互補。只有不同類型

的人才組合在一起，最終才能形成最佳團隊。在這樣的團隊中，成員之間既和諧又相容。因此，一個最優秀的團隊一定是人才組合最和諧的團隊，一個合理的人才結構，成員之間的才能、才華是可以協調互補的。

小猴子和小鹿在河邊散步，看到河對岸有一棵結滿果實的桃樹。小猴子說：「我先看到桃樹的，桃子應該歸我。」說著就要過河，但小猴子個子矮，走到河中間，就被水沖到下游的礁石上去了。小鹿說：「是我先看到的，應該歸我。」說著就過河去了。小鹿到了桃樹下，不會爬樹，怎麼也拿不到桃子，只好回來了。

這時身邊的柳樹對小鹿和小猴子說：「你們要改掉自私的壞毛病，團結起來才能吃到桃子。」於是，小鹿幫助小猴子過了河，來到桃樹下。小猴子爬上桃樹，摘了許多桃子，自己一半，分給小鹿一半。他們吃得飽飽的，高高興興地回家了。

故事中的小猴子與小鹿，就其個體而言，儘管都有自己的特長，但如果「單槍匹馬」是摘不到桃子的。然而，一旦他們組成了一個相互合作的團隊後，就出現了取長補短的奇蹟——輕而易舉地摘到了桃子。

曾有位博士生很有感慨地對朋友說：「在這個競爭的社會裡，什麼人都不能忽視。」的確，在一個大團體裡，做好一項工作，占主導地位的往往不是一個人的能力，關鍵在於各成員間的團結合作。團結大家就是提升自己，因為別人會心甘情願地教會你很多有用的東西。畢業生剛從校園裡出來，不可能獨自承擔一個專案，特別是在程式化、標準化極強的行業裡，每個人只能完成一部分的工作，團隊合作在很大程度上關係著企業發展的命脈。無法想像一個只會自己工作，平時獨來獨往的人能為企業帶來什麼。有位人事經理曾直白地說：「我從不錄用不積極參加集體活動的畢業生。」

第八章　團隊為王：融入你的團隊

　　在與同事之間的關係處理上，是要處處勝人一頭，還是合作互助？這實際上不僅僅是人際關係問題，而且還是道德修養問題。同事之間關係和睦融洽，辦公室氛圍積極向上，對你個人來說，是莫大的好事，對公司的運轉和創造利益也會產生良性影響。

　　諾貝爾經濟學獎獲得者賴因哈德‧塞爾滕（Reinhard Selten）教授有一個著名的「博弈」理論。假設有一場比賽，參與者可以選擇與對手是合作還是競爭關係。如果採取合作策略，可以像鴿子一樣瓜分戰利品，那麼對手之間浪費時間和精力的爭鬥便不存在了；如果採取競爭策略，像老鷹一樣互相爭鬥，那麼勝利者往往只有一個，而且即使是獲得勝利，也要被啄掉不少羽毛。現代社會中的現代企業文化，追求的是團隊合作精神。所以，不論對個人還是對公司，單純的競爭只會導致關係惡化，使成長停滯；只有互相合作，才能真正做到雙贏。

　　二戰時期，美軍司令部就是這樣的一個優秀團隊，艾森豪、巴頓、布雷德利等人性情各異，個性鮮明，但又和諧互補，相互取長補短，從而組成一支所向披靡的聯合艦隊。

　　艾森豪注重大局、運籌帷幄、富有遠見，性格又和藹可親，是一位很棒的協調者，但卻缺乏具體執行的能力。巴頓性情暴躁、雷厲風行、愛出風頭，這種個性非常適合領導作戰和進攻部隊，他是一個戰爭天才，隨時準備去冒險，他以率領坦克軍大膽突進，攻城掠地而聞名。他生動活潑的個性能夠感染士兵們的想像力。但他卻個性極強硬，常常憑藉自己的意願辦事。如果只是艾森豪與巴頓組合，那麼，局勢就會因巴頓的個性而失去控制。於是，布萊德雷加入到了這個組合之中。布萊德雷性格沉著穩重、愛護部下、注重小節，雖然在戰爭中缺少創意，但卻能堅決貫徹上級的命令。當諾曼地

登陸最初階段的地面部隊指揮權問題提出來的時候，馬歇爾對將軍說：「巴頓當然是領導這次登陸戰役的最理想人選，但是他過於急躁。需要有一個能夠制約他的人來限制他的速度，因為熱情和旺盛的精力會使他追求冒險的刺激感。他上面總要有一個人管著，這就是我把指揮權交給布雷德利的原因。」

但如果僅僅是布雷德利與艾森豪組合，那麼，美國軍隊無疑將死氣沉沉、毫無建樹。如果只讓布萊德雷與巴頓組合呢？那麼，美軍就將各自為戰，誰也不服誰。然而，艾森豪、巴頓、布萊德雷三人組合在一起卻彼此克服了對方的缺陷，成為一個成功的組合。巴頓使這個組合富有了戰爭創意和生氣；布萊德雷使這個組合有了秩序和規則；艾森豪使這個組合具備了長遠的目光。所以，一個成功的人並不是一個沒有缺陷的人，而在於他尋找到了一個沒有缺陷的組合。

合作已成為人類生存的手段。因為隨著科學知識向深處發展，社會分工越來越精細，人不可能再成為百科全書式的人物。每個人都要借助他人的智慧完成自己人生的超越，於是這個世界充滿了競爭與挑戰，也充滿了合作與快樂。

員工之間要相互信賴，沒有信賴，人與人之間或是團隊與團隊、部門與部門之間就沒有合作的基石。沒有信賴的基礎，每個人都會試圖保護自己眼前的利益；但是這樣做卻會對長期的利益造成損害，並且會對公司的整個管理體系造成傷害。

就連動物與動物之間都懂得合作。鯊魚以其大小通吃的好胃口而聞名於世，海底的生物都可能成為鯊魚飽餐一頓的珍饈，不過領航魚卻是個例外。相反，鯊魚還會邀請領航魚一起共進午餐，等鯊魚飽餐一頓後，領航魚就會鑽到鯊魚的嘴裡，像牙籤一樣吃掉鯊魚牙齒上留下的殘渣。

第八章　團隊為王：融入你的團隊

這是一種合作關係，鯊魚可以清潔牙齒，而領航魚則可以飽餐一頓，雙方在短暫的交易之後都能夠獲得滿足。

一天，三隻飢餓的小狗遇到了一匹大斑馬。小狗們望著高大的斑馬無計可施，但聰明的小狗還是想出了合作制服斑馬的辦法。它們是這樣將一匹大斑馬制服的：第一隻小狗咬住斑馬的鼻子，第二隻小狗咬住斑馬的屁股，第三只小狗則咬斑馬的腿，持續攻擊一段時間之後，斑馬終於倒下了。

三隻小狗能夠吃掉一匹大斑馬，其祕訣在於：分工明確，合作緊密。分工明確，能專心發揮自己的專長，提高效率；善於合作，能產生巨大威力，使任務更容易完成。

美國歷史學家埃德溫‧賴肖爾（Edwin Reischauer）讚揚日本人比多數西方人具有更多的集體傾向，而且在互助合作的團體生活中有這方面的高超技巧。

單槍匹馬難成事

一個優秀的團隊，不應該只存在一個大英雄，而應該人人都是英雄。一個企業不僅僅需要高層那麼幾個英雄人物，更需要中層形成強而有力的團隊，也需要普通員工的團隊精神。

某知名公司部門經理曾說過這麼一句話：「團隊精神反映一個人的素養，一個人的能力很強，但團隊精神不行，公司也不會要這樣的人。」

另一公司部門經理也說過：「我們公司生產世界上最先進的電腦，但世界上有一種儀器比電腦更精密，也更具有創造力，那就是人的身體。團隊精神就好比人身體的每個部位，一起合作去完成一個動作。」對公司來講，團隊精神就是每個人各就各位，共同努力。我們公司的每一個獎勵活動或者我們的業績評估，都是將個人能力和團隊精神當作兩個最主要的評估標準。如果一個人的能力非常好，而他卻不具備團隊精神，那麼我們寧可選擇後者。

一間企業凝聚出團隊精神，這家企業才能興旺發達，基業長青。

從前，有三頭水牛一起在一片草原上生活了很長時間，儘管牠們吃住在一起，但彼此從不說話。一天，一頭獅子路過這裡，看到了水牛。獅子已經飢腸轆轆，但牠知道不能同時向這三頭水牛發起進攻。因為三頭水牛加在一起的力量遠遠超過牠，會打不過牠們。因此，獅子每次只接近一頭水牛。由於水牛不知道彼此在做什麼，沒有看出獅子要將牠們分而食之的陰謀。獅子的詭計得逞了，三頭水牛各自為戰，最後被一一擊破。就這樣，獅子打敗了三頭水牛，美美地飽餐了好幾頓。

第八章　團隊為王：融入你的團隊

　　三頭水牛之所以被擊敗，是因為牠們在行動上沒有顧及團隊的整體利益或目標，各自為戰，最終只能被獅子吃掉。

　　在動物中，團隊精神都顯得如此重要，重要到關係生死存亡的地步。其實，深究下來，團隊精神何嘗不關係到我們的生存？魯賓遜漂流荒島，最終還是要回歸社會。我們人類的生活也離不開群體的合作。如果你不懂得分工合作，最後的結果就是你會成為一匹被宰殺的馬。

　　在工作中展現整體目標是非常重要的，因為只有這樣才能保持各個部分之間的合作，才能使團體效率最大化。

合作才能雙贏

在職場中打拚的人都雄心勃勃，想建功立業。然而，卻很少有人明白這樣一個道理，要得到多少，你就必須先付出多少。只知索取，不知付出，這樣的人，成功肯定不會降臨到他身上，他的人際關係也會非常的糟糕，沒有人會對他滿意。

有句諺語告訴人們：「兩個人分擔一份痛苦，就只承擔半份痛苦。兩個人享受一份快樂，就成了兩份快樂。」因此，作為職場中人，大家要學會把自己的快樂與別人分享，同時也學會從別人所擁有的快樂裡得到快樂。在創造自己快樂的同時，你也要學會和別人一起分享快樂，那麼你就可以做一個永遠快樂的人。

工作是一臺結構複雜的大機器，參加工作的每個人就好比每個零件，只有各個零件凝聚成一股力量，這臺機器才能正常運作。這也是工作中每個員工應該具有的工作精神和職業操守。所以，我們充分發揚每個人的長處，揚長避短，資源分享，才能取得「1 ＋ 1 ＞ 2」的效果。

作為執行的團隊成員，特別要加強個體和整體的協調統一。在工作中，你絕不應該只顧自己，必須處處都為他人著想，最好把別人也當作你自己一樣看待。這樣，別人一定都樂於和你親近，而你的成功就更有把握了。

有兩個釣魚高手一起到魚塘垂釣，不久他們就收穫不少。這時，魚塘附近來了十多名遊客，也開始垂釣。但是，無論他們怎麼釣都毫無成果。

在兩位釣魚高手中，其中的一位性情孤僻而不愛與別人交流，獨享垂釣

之樂，而另一位卻十分熱心，愛交朋友。愛交朋友的這位釣魚高手，看到許多遊客都釣不到魚，就說：「如果你們想學釣魚，我可以教你們。但我教你們釣魚，會耽誤我自己的時間。不如這樣，如果你們學會了釣魚的訣竅，每釣到十尾就分給我一尾，不滿十尾就不必給我。」遊客們聽了欣然同意。

於是，這位熱心助人的釣魚高手，把所有的時間都用於指導垂釣者。後來，他獲得的竟是滿滿一大簍魚，還認識了一大群新朋友。遊客們左一聲「老師」，右一聲「老師」，使這位釣魚高手備受尊重。而另一個同來的不樂於幫助他人的釣魚高手，卻沒有享受到這種服務於人們的樂趣。他悶悶地釣了一整天，收穫也遠沒有同伴的多。

當然，真正的幫助並非是以對方的回報為出發點的。也正因為如此，無私地、真誠地幫助別人才是最高的助人境界。因此，你要真心誠意地去幫助別人，千萬不要懷有某種個人目的，一旦被助者發覺自己是被你利用的工具，即使你對他再好，也只會適得其反。同時，得不到回報，你也不要覺得有失落感。要獲得真正成功的人際關係，你就只能用真誠的心與他人交往。以這樣的方式去對待他人，他人才會感到真正的溫暖，你因此也會有一種成就感。

一些人活一輩子都不會想到，自己在幫助別人時，其實就等於幫助了自己。也許有人會不理解地問：「明明是我去幫助他們，他們受惠，怎麼是幫助自己呢？我受的惠在哪裡呢？」只要仔細地想一想，你就會明白：一個人在幫助別人時，無形之中就已經投資了感情。別人對於你的幫助會銘記在心，只要一有機會，他們自然會主動報答你的。友善地幫助別人能夠增強你的人格魅力。助人一定會得到好的回報，你也能在幫助別人的過程中分享快樂。同時，獲得別人的幫助也是你能高效率工作的一個重要因素。

但是，一些人總是關懷自己的時候多，關懷他人的時候少。尤其是在得意忘形的時候，他們只知道誇耀自己，容易忘記他人。就算他們心中還有他人存在，但一心想抬高自己，不免會有些傲慢。別人看見那副神態，心裡就會產生反感。更糟的是大家感覺自己不如他，從而嫉妒他，使他陷於被孤立的境地，甚至吃虧。

友善地幫助別人，不僅能夠影響別人，而且能夠改善我們的人際關係。每個人都需要別人的幫助。然而，許多人不善於幫助別人，也不喜歡幫助別人。相反，成功的人卻常常把幫助別人當作一種習慣。由於他們樂於幫助別人，善於幫助別人，習慣於幫助別人，一旦他們有需求的時候，別人就會主動來幫助他。

在職場中與同事相處也是一樣的道理。凡是自己的言行與同事的利益相關，付諸實踐前，應認真思考一下你的言行是否會對同事構成利益上的侵害？如果是你自己都無法接受的言行，是絕對不能強加給別人的，反過來，有利有益的事情，要讓同事分享。這是同事間和諧相處的較高的禮儀要求，做到了這一點也就達到了較高的境界。而和諧的工作氛圍是人們高效率工作的關鍵。

麥肯錫公司（McKinsey & Company）在一次招聘人員時，一位履歷和表現都很突出的女應聘者一路過關斬將，在最後一輪小組面試中，她伶牙俐齒，搶著發言，在她咄咄逼人的氣勢下，小組其他人幾乎連說話的機會也沒有。然而，麥肯錫公司卻沒有錄用她。公司人事部經理這樣解釋，這位女應聘者儘管個人能力超群，但明顯缺乏團隊合作精神，招聘這樣的員工對企業的長遠發展有害而無益。

可見，對於一個團體、一個公司，甚至一個國家，團隊互助都是非常重

要的。缺乏互助精神的團隊成員更多關注的是「我自己」，而不是「我們」。他們通常以犧牲他人的利益來實現自己的目標；對於團隊中的其他成員，他們根本不關心。某心理學研究員說：「員工們不願意在工作中與他人合作和分享，由此帶來的商機錯失、系統不全、培訓不足等問題使得企業每年要損失數十億英鎊。」現在的企業都不願意聘用一個「不懂合作的能人」。

發揚團隊合作精神

個人英雄主義單打獨鬥的時代一去不復返了，如今誰懂合作、誰會合作，誰就是未來的大贏家。

有一個故事，說的是有兩個人因馬車失事落入荒郊野外之中，沒有發現任何食物。幸運的是，出意外之時，一個人緊緊抓住了一根魚竿，另一個人緊緊抓住了一簍魚。兩人分道揚鑣後，那帶著魚的人在原地搭起火堆烤起了魚，飽食了幾餐，一直吃了5天，直到沒有魚了，於是就餓死在空空的魚簍邊。另一個人帶著魚竿去尋找大海，在第3天，他眼見著蔚藍色的海水，力竭而亡，再也沒有可能去捕魚了。試想一下，如果他們共同努力，一起享用魚簍裡的魚和魚竿，那麼在第3天時，一起吃完最後一條魚，來到海邊又捕上了一批魚，兩人都可以生存下來。

佛祖釋迦牟尼曾經問弟子：「給你一滴水，怎樣才能讓它不乾？」弟子們答不上來。佛祖說：「融入大海。」一滴水只有融入大海才能生存，進而才能有所作為，才能掀起滔天巨浪。同樣，一個人也只有融入團隊才能生存。美國陸軍中尉羅文之所以能夠把信送給加西亞，原因之一就是他背後有一批隊員，他們安排連絡人，安排路線；他們掩護戰友，擊退敵軍。羅文有了他們的幫助，如虎添翼，才能成功抵達目的地。

生意是一種短期的暫時的合作──在短時間內以暫時的條件合作。企業是一種長期的固定合作──老闆出錢，員工出力，老闆拿利潤，員工拿薪水。唯有企業得以生存，員工才能獲得發展。企業是大家的企業，只有企業

發展了，員工才能成長；反之，員工成長了，企業才能發展。這是一種合作雙贏的關係。

合作是得以雙贏的一種方式，它突破了１＋１＝２的固定思維。單純從理論上說，１＋１的結果有三種情形：一是１＋１＜２，在這種情形下，人們沒有必要合作，也沒有必要競爭，因為這種結果是損人損己的；二是１＋１＝２，在這種情形下，人們是在競爭，競爭的結果是一方輸、一方贏；三是１＋１＞２，在這種情形下，人們就有必要合作，因為其結果是雙贏。而現實生活中，個人的成長、企業的發展、文明的進步都是建立在合作的基礎上。這說明雙贏是個人成長、企業發展以及文明進步的偉大行為。因此，一個具備合作意識的人，必定是一個能夠站在別人的立場考慮問題的人，必定是一個善於滿足他人需求的人，必定是一個進取的人。

生意場有這樣一個不成文的規則：只要是有利可圖的交易，你賺100，別人賺1,000，對於你來講也是成功的。這個道理其實很簡單。如果你不讓別人賺1,000，你自己連那100也賺不到。

一個人若真的想成就一番事業，必須發揚合作精神。如果沒有其他人的合作，任何人都無法取得持久性的成功。如果兩個或兩個以上的人聯合起來，並且建立在和諧與諒解的基礎上，這一聯盟中的每一個人的能力將因此倍增。但是，有些人由於無知或自大，誤認為自己能夠駕駛自己的小船駛入這個處處都充滿危險的生命海洋。這種人終會發現，有些人生的漩渦比危險的海域還要危險萬分。只有透過和平、和諧的合作努力，才能獲得成功，單獨一個人必定無法獲得成功。即使一個人跑到荒野中去隱居，遠離各種人類文明，他仍然需要依賴他本身以外的力量才能生存下去。他越是成為文明的一部分，越是需要依賴合作性的努力。

　　李某擁有一家三星級飯店，經朋友介紹，他認識了一位名氣很高的導演，導演準備在他的飯店召開一個新聞發布會。李某很爽快地同意了，可是在租金上不能與對方達成協議。李某要價四萬，導演只答應出兩萬，雙方爭執不下。那位從中介紹的朋友勸李某說：「你怎麼這麼傻，你只看到了兩萬，兩萬背後的錢可不止這個數目，他們都是名人，平時請都請不來呢！」李某想，四萬的要價不算太貴，只要堅持一下，對方肯定會接受的。所以他絕不鬆口。朋友生氣地說：「我沒有你這個目光短淺的朋友。」說完，朋友拋開李某自己走了。附近一家四星級飯店的總經理聽到這個消息，感覺機不可失，馬上找到那位導演，說他願意把飯店的大廳租給導演，而且要價不超過兩萬元。於是，導演便租了這家四星級飯店。開新聞發布會那幾天，除了許多記者、演員外，還有不少影迷，十幾層的大樓全部住滿，而且因為明星的光臨，這家四星級飯店名聲大振。

　　事實證明合作無疑是最有效的方法之一，它使雙方的優勢互補，並使得各自的能力產生放大的效果，從而能創造更大的利益。只要把蛋糕做大，雙方共用一塊大蛋糕，也要比一方獨享一塊小蛋糕獲益大得多。

　　在現在競爭激烈的社會裡，我們每個人時時刻刻都在競爭的狀態中苦苦掙扎著；同樣，不可否認的是，競爭意識有利於我們發揮自己的潛能。但如果我們只講競爭，不講合作的話，我們就成了一支孤軍奮戰的隊伍，或許我們本身有很好的能力，但最終在強大的敵人面前也不可能創造奇蹟。只有在競爭中合作，在合作中競爭，最終才能走向成功。

　　在非洲的一個地區，每年都有舉辦南瓜品種大賽的慣例，而每年的冠軍得主都是一個叫傑克的農夫。令人難以理解的是，獲得冠軍的他回到家鄉之後，毫不吝嗇地把獲獎的種子分送給他的左鄰右舍。有一天，傑克的朋友很

好奇地問他：「你的獎項得來不易，每年都看到你投入大量的時間精力來做品種改良，為什麼還這麼慷慨地將種子送給別人呢？難道你不怕他們的南瓜品種因此而超越你的嗎？」傑克笑了笑回答說：「我將種子分給大家，幫助大家，其實也就是幫助我自己啊！」我們知道，每家的田地都是彼此相連的。如果傑克將得獎的種子分送給鄰居，鄰居們就能改良他們的南瓜品種，也可以避免蜜蜂在傳遞花粉的過程中，將臨近的較差品種的花粉傳給了自己的品種，這樣他才能夠專心致志地進行品種改良。反過來說，如果傑克將得獎的種子占為己有，而不分給他的鄰居，為了防範外來蜜蜂等昆蟲所帶來的花粉弄雜了他的種子，就得花費大量的資源，為驅趕昆蟲而疲於奔命，恐怕還不會有什麼好的效果。

　　只有合作才能夠成功，傑克這樣做實際上是在幫助自己。每個人的能力都有一定的限度，善於與別人合作的人，才能夠彌補自己的能力不足，達到原本達不到的目的。

團結就是力量

　　試想一下，一個足球隊為了提高整體的戰鬥力，在進行人員搭配與選擇上會下很大的功夫。他們利用的就是「團結就是力量」這一原理。同一位置上會選擇不同技術特點的球員進行搭配。例如前鋒的組合，可以有「快 —— 高」組合，「速度 —— 技術」組合等。組合中的每一個人都必須全力以赴，以整體的團結來對抗對手。為了實現這個團結的最大力量，教練可能會為每個角色配備一個替補隊員，當前一種組合不適應時，就要重新調整，但是一般不會讓具有相同技術特點的球員同時上場。

　　有的人說１＋１＞２，團隊有那麼大的力量嗎？讓我們看看「蟻團效應」。螞蟻是自然界最團結的動物，這種團結在遇到危機的時候，表現得最明顯。當螞蟻的巢穴面臨洪水的威脅，牠們的生命繫於一線時，牠們會牢牢地聚在一起，形成一個巨大的蟻團。當洪水襲來，蟻團周邊的螞蟻被洪水無情地捲走了，這些蟻團被一層層地掀下來，但是仍有部分螞蟻倖存下來。同樣，當大火襲來，牠們也是採取這種方法，雖然周邊螞蟻一個個的犧牲，但是這個蟻團並不會散開。這就是著名的「蟻團效應」！一個團隊裡的每一個成員要都有這種蟻團精神，凝聚在一起，那麼就沒有過不去的火焰山。

　　因為團結就是凝聚力，就是戰鬥力，所以很多公司都是以團結意識作為衡量員工的標準。曾任微軟公司副總裁的李開復在講到團隊問題時說：「團隊精神是微軟用人的最基本原則。像Ｗindows2000產品的研發，微軟公司有超過３,０００名開發工程師和測試人員參與，寫出了５,０００萬行代碼。如果沒

有高度統一的團隊精神，這項浩大的工程根本不可能完成。」

不僅僅是微軟把團隊合作作為用人的基本原則，隨意打開一個大型公司的招聘廣告，幾乎在任何一個職位當中都會有團隊精神的要求。由此可見，團隊合作已經越來越成為職業人士所必須具備的一種素養。但是，仍然有很多公司裡人際關係太冷淡，缺乏團隊意識。

張某剛參加工作時，他所在的公司就是一個人情冷漠的公司。上班頂多打個招呼後，就開始各做各的事情，從早上九點加班到晚上七八點，大家都懶得說句話，簡直沒有人際交流。有的人新來到公司，也不與大家打招呼，進門就工作，過幾天又跳槽了，大家連他是誰都不知道。在他進入公司的第三個月，公司就因為人員之間缺乏溝通，在工作中出現大的失誤，公司因此一蹶不振。

當然，這有公司主管失誤的原因，但是根本原因還是那些沒有團隊意識的員工。一隻螞蟻的力量是微弱的，一群螞蟻的力量是不可低估的。但是那些沒有團隊意識的人，一個人的力量是微弱的，一群人的力量則更微弱。只有那些能夠團結在一起的人，才能獲得 1 ＋ 1 ＞ 2 的效果。

團結就是力量，這話說得一點都沒錯。一群螞蟻可以抬起自己體重幾百倍的東西。公司是一個團體，你作為其中的一隻「小螞蟻」，是微不足道的，只有和「一群螞蟻」聯合起來，才能有所作為。不要只關心自己的工作，也應該知道同事在哪裡工作，觀察他們怎樣工作，諸如前檯接待人員怎樣問候陌生人之類的事情也可能對您有所啟發。

我們應該向螞蟻學習。在螞蟻的世界裡，有嚴格的組織分工和由此形成的組織框架。螞蟻集結的時候能自我組織，不需要任何領導人監督便能夠根據環境變動，迅速調整，找出解決問題的答案，有條不紊地完成工作任務。

　　螞蟻的這種智慧被科學界稱為「蟻群智慧」。舉例來說，螞蟻發現食物後，兩隻螞蟻同時離開巢穴。牠們會分別走兩條不同的路線回到巢穴，邊走邊釋放出一種牠們自己才能識別的化學激素做記號，先回到巢穴者會釋放出更重的氣味。當其他螞蟻聞到較重的味道時，就會走較短的路線去搬運食物。顯而易見，這種「蟻群智慧」的力量是一加一遠遠大於二，螞蟻的團隊意識是一種自覺意識，並沒有任何螞蟻去督促，因為牠們有著共同的利益。同樣，公司和員工也有著共同的利益，公司和員工都應該充分認識到這一點，團結在一起，一起作戰。

　　為了團隊目標，團隊的成員應該團結在一起，以便能積極行動、挖掘成員的個人潛能，實現個人價值的最大化，最終提高團隊整體的業績。

團隊利益高於一切

　　某企業家在談到專業經理人的行為時強調，經理人不能以個人利益為導向，要以團隊的利益為重。

　　其實不僅是經理人，團隊中的每個人都應以團隊利益為重。尤其是在遇到困難時，團隊成員之間互助合作的優勢便發揮出來了。沒有人能單獨抵擋哪怕只是一次小小的打擊。即使不是應付複雜的工作，情緒波動也需要別人的安慰，沒有誰能保證他的狀態一直都能保持在最佳。一個團隊的成員相互鼓勵，會讓大家的情緒穩定。

　　王某原本任職的廣告公司破產了，他不得不去另一家廣告公司。王某迅速地融入了他的新團隊，周圍的人對他非常友好，他同樣熱情地加以回報。王某總是為團隊成員帶來最新一期的廣告創意雜誌，而最後翻閱者才是他本人。遇上公司加班時，員工餐不合大家的胃口，王某總是自告奮勇去買零食。由於大家彼此視為朋友，不加掩飾地流露自己對工作與生活的各種看法，王某也改變了過去盡力克制自己感情的習慣。大家經常安慰王某盡快忘記過去的不快，彼此之間開一些無傷大雅的玩笑。王某感覺到團隊裡的每個人都是親密的朋友。

　　王某的舊同事李某則沒有他這麼幸運。李某到了一家大公司，職位比王某高一等，薪資也比王某可觀。可是不久他便來向王某訴苦了。他一開始也得到了公司同事的照顧，雖然不是所有人都那麼熱情，但愉快的感覺還是經常體會得到。由於市場競爭激烈，這個公司能力有限，無法應對危機和風

險，經常在競爭中落敗。最令李某氣餒的是，這個公司沒有明確的目標。雖然個別成員雄心勃勃，但他們從沒想過要和公司一起前進，只顧在公司高層面前表現自己。

李某的遭遇告訴我們，一個公司、一個部門就是一個團隊，如果團隊成員不在工作中齊心協力，即使某一兩個人工作出色，也離達到目標之期甚遠。

人們可以了解一下歷史上那些取得傑出成就的人，他們是怎樣謙遜地把這些成就歸功於他們所理解的團隊的。

科學家拉塞福（Rutherford）也說：「科學家不是依賴於個人的思想，而是綜合了幾千人的智慧。所有的人想一個問題，並且每人做它的部分工作，添加到正建立起來的偉大知識大廈之中。」

德國作家歌德說：「我不應把我的作品全歸功於自己的智慧，還應歸功於我以外向我提供素材的成千成萬的事情和人物。」

那些成功人物的言談並非是說自己能力有限，實際上他們都是傑出的人。他們所要表達的真實含義是，個人需要與他人合作，或者需要他人的幫助。即便是出於個人利益需要的合作，我們每個人也要歸屬於團隊，因為只有團隊才可能完成複雜的任務。即使個人有能力把任務包攬下來，他的精力與時間也不夠。團隊的成功也不會忘記它的功臣，如果你的確具備厲害的才能，你總會在團隊中找到屬於你的位置。

團隊對於工作的重要性還展現在：當遇到困難時，來自團隊成員之間的鼓舞，會讓你精神振奮，工作起來也會更有力量。困難有時候會比人們想像的來得更直接、更激烈。如果你無法認識到團隊的重要性，不努力與團隊其

他成員融為一體，那麼你在困難面前將顯得更加無所適從。

下面的小故事也許能啟發你的智慧：

一個小夥子在曠野中迷失了方向找不到出路。他遇見一個中年人，便走上前問：「先生，我迷了路。你可以告訴我怎樣走出這片曠野嗎？」

「對不起，」中年人說，「我也不知道怎樣走出去。但也許我們可以結伴同行，一起找出路。」最後，小夥子與中年人互相鼓勵，彼此幫助，一起走出了曠野。

如果同處困境的人能夠同情對方，攜手合作，那麼他們就有可能共同找到出路。

作為具有共同目標的團隊中的成員，在通往目標的路上會遇到數不勝數的困難。即使一時進行順利，也要考慮隨時可能出現的挫折和阻力，正所謂「人無遠慮，必有近憂」。所以團隊成員要像故事中的這兩位夥伴一樣，懷著關愛之心，彼此同心合作，共同前進。因為重視你的團隊，發揮團隊成員的各自優勢，才能提高工作的效率。

以團隊的目標為基準

任何團隊都有其確定的目標，團隊裡的每一個成員都是為了完成這個目標而工作。團隊的目標高於一切，是人們共同的目的地，為了這個目標，人們彼此協調，並肩作戰。

在自然界中，還有一個團隊是值得我們學習的，那就是雁群。科學家發現，當雁群成「V」字形飛行時，集體中的大雁要比孤雁節省體力，相對也就有了更持久的飛行能力。這種擁有相同目標的合作夥伴型的關係，可以彼此互動，更容易到達目的地。員工融入公司的整體目標，公司才能體會到團隊力量。

團隊是一個群體，包含很多個體單位。當團隊形成以後，每個個體都會對團隊以及其他成員有一定的要求。清楚知道其他人有哪些要求，對個體融入團隊是非常有幫助的。

團隊有特定的目標，因此，當某個個體在為這個目標而奮鬥的時候，他希望團隊的其他成員也在努力工作。如果其他人不能為目標的實現做出貢獻，就會拖累整個團隊的工作進展，進而影響到個體的利益。

團隊中的每一個成員都要樹立團隊目標至上的信念。只有整個團隊的目標達到了，團隊的業績提高了，自己的才能才會得到最大限度地發揮，人生價值才能得到最大限度地實現。

因此，在日常工作中要講公正，無私奉獻；要加強溝通與合作，充分整合各種資源，充分發揮自己的才能。每個人都離不開團隊，團隊也離不開

自己，不斷增強自己的責任感和使命感，進而不斷提高團隊意識，服從團隊的目標。

心中有了團隊的目標，對工作中遇到的難題要集思廣益，積極徵求其他成員的意見，充分發揮成員的創造性思考，在工作上不斷創新和提高。有了這個共同的目標，也就有了行為的標準，也就不會為工作中跟相關部門的摩擦而耿耿於懷，大家真正能做到精誠團結，一起作戰，建設有強凝聚力的公司形象。

職場上一定會有勞逸不均的現象，你也不能保證自己在工作上從不犯錯，心中有了這個共同的目標，人們就會在自己出錯時，用良好的態度可以彌補一切過失，而不是急著把責任往別人身上推。

團隊目標對於我們處理個人發展與公司發展關係的問題很有益處。以事業心來做事，也就是真正把個人的發展融入到公司的發展當中去了。當公司發展壯大了，你會發現自己自然而然地得到了應得的回報。

因此，你還要發揮你自己的才華。透過有效發揮個人的才華，提高成員獨立作戰的能力和市場競爭意識，個人的綜合素養也會得到很多提升，團隊的戰鬥力也會大大增強。

團隊的目標高於一切，個人目標要永遠服從於團隊目標。團隊目標和個人目標是一對辯證又統一的矛盾，所以二者在特定的條件下同時存在必然會產生一定的矛盾。如果處理不當，勢必會影響團隊的整體戰鬥力。根據團隊利益高於一切的原則，個人目標必須永遠服從於團隊目標，必須在維護團隊目標的前提下，發揮個人才能。否則過分壓制個人才能的發揮，團隊就會缺乏創新力，跟不上市場形勢的發展。過分強調個人目標，就會形成成員之間缺乏合作精神，各自為政，目標各異，個人利益就會占據上風，團隊利益就

會被淡化,整個隊伍很可能成為一盤散沙,不堪一擊。

公司的團隊目標高於一切,只有每個成員都按照這個原則來工作,團隊的目標才比較容易達到。是否做到「團隊目標高於一切」是判別一個員工是否優秀的重要標準。現代公司崇尚團隊意識,與團隊目標格格不入的人,即使他很有能力,也不可能成為一個優秀的員工,在這種情況下,他不是改變自己,融入團隊,就是選擇離開。

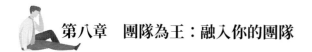

依靠團隊創佳績

　　如今社會分工越來越細，任何人都不可能獨立完成所有的工作，他所能實現的僅僅是企業整體目標的一小部分。因此，團隊精神日益成為企業的一個重要的文化，它要求企業分工合理，將每個員工放在正確的位置上，使他能夠最大限度地發揮自己的才能，同時又輔以相應的機制，使所有員工懂得自動自發，為實現企業的目標而奮鬥。對員工而言，它要求員工在具備扎實的專業知識、敏銳的創新意識和較強的工作技能之外，還要善於與人溝通，尊重別人，懂得以恰當的方式與他人合作，學會領導別人與被別人領導。

　　團隊合作就好像是一個人的手，五指雖然有大有小，有長有短，有粗有細；雖然各司其職，但他們又緊密合作，揮出為掌，能挾裹一縷勁風；握緊為拳，則蘊涵虎虎生氣。相反，如果每個指頭都各行其事，互相爭功，不知默契合作，其效率，其威力肯定將大打折扣，搞不好還會有折損。

　　團隊精神最重要的就是無私奉獻，或者說是相互之間無條件的合作。既然是團隊中的一員，就應該時時、處處、事事為這個團隊的利益著想，盡量把自己塑造成為適合這個團隊的一部分，就如同一部完美運作的機器上的一顆螺絲釘。也許就單個而言你這一部分是微不足道的，很平凡的，但正是這許許多多平凡的零件組合在一起，才使得公司這部機器靈活高效地運轉起來。

　　有一則寓言說：有三隻老鼠一起去偷油喝，可是油缸非常深，油在缸底，牠們只能聞到油的香味，根本就喝不到油，愈聞愈垂涎。喝不到油的痛苦令

牠們十分焦急，但焦急又解決不了問題，所以牠們就靜下心來集思廣益，終於想到了一個很棒的辦法，就是一隻老鼠咬著另一隻老鼠的尾巴，吊下缸底去喝油，牠們取得一致的共識：大家輪流喝油，有福同享，誰也不可以有自私獨享的想法。

第一隻老鼠最先吊下去喝油，牠想：「油就只有這麼一點點，大家輪流喝一點也不過癮，今天算我運氣好，不如自己痛快喝個飽。」夾在中間的第二隻老鼠也在想：「下面的油沒多少，萬一讓第一隻老鼠喝光了，那我豈不要喝西北風嗎？我幹嘛這麼辛苦的吊在中間讓第一隻老鼠獨自享受一切呢！我看還是把牠放了，乾脆自己跳下去喝個淋漓痛快！」第三隻老鼠也暗自嘀咕：「油就那麼少，等牠們兩個吃飽喝足，哪裡還有我的份，倒不如趁這個時候把牠們放開，自己跳到缸底飽喝，解解嘴饞。」

於是第二隻狠心地放了第一隻的尾巴，第三隻也迅速放了第二隻的尾巴，牠們都爭先恐後地跳到缸裡面去了。等牠們吃飽喝足後，才突然發現自己已經渾身溼透，加上腳滑缸深，牠們再也逃不出這個美味的油缸。最後，三隻老鼠都淹死在這個油缸裡。

一位員工不管你個人有多麼強大，你的成就有多麼輝煌，只有保持你與其他同事之間的友好合作關係，這一切才會有現實的意義。企業就是靠這些員工的團隊合作優勢贏得利益的。

員工的團隊合作精神是所有技能中最為重要的一種，如果每一位員工都具備團隊合作精神，企業不僅可以在短期內取得較大的效益，而且從長遠來說也十分有利於企業的發展。團隊合作精神對於企業的推動作用已經在許多公司中得到了充分的證實。沃爾瑪、豐田、通用磨坊是最早推崇團隊精神的企業，對團隊精神的關注使它們得以在很短的時間內迅速壯大，實現了企業

整體績效的提升，而且使企業具備了永續發展的能力。此後，惠普、摩托羅拉、蘋果等企業也紛紛將團隊精神置於重要地位，並取得了顯著的效果。微軟 Windows2000 的推出就是一個典型的例子。這一視窗系統有 3,000 多名軟體工程師參與程式設計開發和測試，如果沒有高度統一的團隊精神，沒有全部參與者的分工合作，這項工程是根本不可能完成的。現在，團隊精神已成為企業最為重要的價值觀和理念，並將其作為了員工晉升的重要指標。

　　一個哲人曾說過這麼一段話：你手上有一個蘋果，我手上也有一個蘋果，兩個蘋果交換後每人還是一個蘋果。如果你有一種能力，我也有一種能力，兩種能力交換後就不再是一種能力了。

　　優秀的企業團隊是以公司利益為重，共同奉獻。所謂團隊，是指才能互補、團結和諧，並為負有共同責任的統一目標和標準而奉獻的一個團體。團隊不僅強調個人的工作成果，更強調團隊的整體業績。團隊所依賴的不僅是集體討論和決策以及資訊共用和標準強化，它還強調透過成員的共同貢獻，能夠得到實實在在的集體成果，這個集體成果超過成員個人業績的總和，即團隊大於各部分之和。

　　關於這一點，天空中飛翔的雁陣也可以給我們許多有益的啟示。秋天，當雁陣排成人字陣或一字斜陣飛過藍天白雲時，不知你是否想到這樣一個問題：大雁為什麼要整齊地列陣遠翔呢？莫非，牠們要向我們人類展示自己的飛行藝術？

　　大雁並非要向我們表演牠們的飛行技巧，牠們之所以採用人字陣或一字斜型的陣式飛行，是牠們在長期適應中所形成的最省力的群體飛翔形式。當雁群以上述形式飛行時，後一隻大雁的一翼，能夠借助於前一隻大雁拍動翅膀時所產生的空氣動力，使自己的飛行省力。當飛行一段時間、一段

距離後，大雁們左右交換位置，是為了使另一側羽翼也能借助空氣動力以減緩疲勞。

由此，可以想到我們員工的團隊精神。你可能已經注意到，舉凡胸懷大志並取得成功的人多善於從自己的同伴那裡汲取智慧和力量，從同行那裡獲得無窮的前進動力。這裡，我們姑且不說馬克思與恩格斯或居禮夫婦的合作，而是指更廣泛意義上的智慧互補和人才合作。經常與他人合作，你就能發現自己的新能力。如果不去和他人合作，即使你有潛能也難以發揮出來。

大雁陣形的位置移動，還為我們人類帶來另一層深刻的啟發。當今，人類為了解決自然科學乃至於各個領域的某些重大問題，單靠個人單槍匹馬的奮鬥已很難奏效，往往需要人才的團體作戰和多種學科的交會。

在企業發展過程中，我們既要注重企業的團隊精神，但也要防止拉幫結派和結黨營私的現象發生，企業經營者必須正視「小團體」現象為企業發展帶來的危害。在 21 世紀的今天，企業只有成員上下同心，才可能健康成長。

一位偉人曾經說過：「一個人的成功與否，15%在於個人的才華和技能，而 75%在於處世待人的藝術和技巧。而處世待人的社交能力反映了一個人情商的高低。」公司就好像是一張網，每個員工都是網上的點，不管你做什麼事，你都以某種方式與別人發生著關聯。而與人合作就是充分認識和肯定別人的價值，並借用別人的價值，從而取得成功。

美國公牛隊是籃球史上最偉大的球隊之一。1998 年 7 月，它在全美職業籃球總決賽中戰勝爵士隊後，已取得第二個三連冠的驕傲成績。但公牛隊的征戰並非所向披靡，而是時常遇到強有力的阻擋，有時勝得如履薄冰。決戰的對手常在戰前仔細研究公牛隊的技術特點，然後制定出一系列對付它的辦法。辦法之一，就是讓麥可‧傑佛瑞‧喬丹（Michael Jeffrey Jordan）得分

超過 40。

這聽起來很滑稽，但研究者言之有理：喬丹發揮不好，公牛隊固然贏不了球，喬丹正常發揮，公牛隊勝率最高；喬丹過於突出，公牛隊的勝率反而下降了。因為喬丹得分太多，則意味著其他隊員能發揮的作用下降。公牛隊的成功有賴於喬丹，更有賴於喬丹與別人的合作。

在追求個人成功的過程中，我們離不開團隊合作。因為，沒有一個人是萬能的，即便神通廣大如孫悟空，也無法獨自完成取經大任。然而，我們卻能夠透過建立人際互賴關係，透過別人的幫助，來彌補自身的不足。對於團隊而言，成員之間的友好相處和相互合作至關重要。一個優秀的企業必須有一個共同的目標，每位員工對公司內的其他員工的品行和能力都要確信無疑，並且能夠遵守承諾。如果企業內的員工置團隊利益於不顧，只打個人自私自利的小盤算，喜歡耍陰謀，玩手段，那麼只會得到損人不利己的下場。

還有這樣一則寓言：

一個人問上帝：「為什麼天堂裡的人很快樂，而地獄裡的人一點也不快樂呢？」上帝說：「你想知道嗎，那好，我帶你去看一下。」他們先來到地獄，走進一個房間，看見許多人坐在一口大鍋前，鍋裡煮著美味的食物。可每個人都又餓又失望。原來他們手裡的勺子太長，沒辦法把食物送到自己嘴裡。上帝說：「我們再去天堂看看吧。」於是他們來到另一個房間，看見的是另一副景象，雖然人們手裡的勺子也很長，可是，這裡每個人都現出快樂又滿意的樣子。這個人覺得很奇怪，上帝笑著說：「你看下去就知道了。」開飯了，只見這裡的人們用勺子把食物送到了別人的嘴裡。

具有長遠目標的人知道任重道遠，他會清醒地意識到，光憑一己之力太有限了，想要實現大目標，需要的是眾志成城和齊心協力 —— 即要加強團隊

合作。無數的例子已經證明，任何以犧牲團隊和他人利益來獲取個人利益的行為，最終必定為團隊和他人所拋棄。

比爾蓋茲再三對微軟的員工強調：「如果有一個天才，但其團體精神比較差，這樣的人微軟堅決不要。微軟需要的不是某個人鶴立雞群，而是攜手前進。」戰勝困難的過程，就是戰勝自我的過程，就是融入團隊的過程，也就是生命成長的過程。因此要時常告訴自己：我不是萬能的，我離不開他人的幫助。而要想成功地融入團隊，就必須要有理解、寬容的待人態度，要設身處地理解團隊中的其他成員，要與人為善，寬容大度；要配合默契，熱情有度；要真誠待人，以此來贏得他人的信任、尊重和友誼。

第八章　團隊為王：融入你的團隊

第九章
職場規則：做人與做事一樣重要

職場上的人際關係十分微妙複雜，稍有不慎，就會陷入被動，可以說每個在職場上經過各種磨練的人都會對此深有感觸。職場中有許多規則需要遵守，每一個職場中人都應保持自我檢討反省的良好習慣。只有這樣，我們在職場中的人際關係才能融洽，才能在工作和生活中享受到那份溫情。

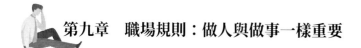

推銷自己也是一門學問

　　一個成功者，不僅應是一個偉大的製造商，善於生產社會最需要的產品，而且還應是一個偉大的推銷員，善於使人認識和接受自己的產品，把自己「推銷」出去。

　　很多人由於傳統觀念的根深蒂固，有一種極其矛盾的心態和難以名狀的自我否定、自我折磨的苦楚。在自尊心與自卑感衝撞下，他們一方面具有強烈的表現欲，一方面又認為過分地出風頭是卑賤的行為。但在競爭激烈的今天，想做大事業，必須放棄那些不痛不癢的面子。常言道：「勇猛的老鷹，通常都把牠們尖利的爪牙露在外面。」巧妙地推薦自己，是變消極等待為積極爭取，加快自我實現的不可忽視的手段。

　　精明的生意人，想把自己的商品推銷出去，總得先吸引顧客的注意，讓他們知道商品的價值。要想恰如其分地推銷自己，就應當學會展示自己，最大限度地表現出自己的美德，並把人生的期望值降低一點，適當地表現自己的才智，給自己一個全方位展示才能的機會。

　　我們之所以要主動推薦自己，引起別人的關注，主要是因為機遇是珍貴的、稀少的、稍縱即逝的，如果你能比同樣條件的人更為主動一些，機遇就更容易被你掌握。因此，主動出擊是俘獲機遇的最佳策略。另外，世界上總是伯樂在明處，「千里馬」在暗處，並且「千里馬」多而伯樂少。伯樂再有眼力，他的精力、智慧和時間都是有限的，等待可能會耽誤你的一生。

　　既然我們都知道「守株待兔」的行為是愚蠢的，那麼我們就沒有必要去

等待「伯樂」的出現，而是應該主動地尋找伯樂。更值得注意的一點是，時代在前進，歲月不饒人，隨著新人輩出，每個立志成才者都應考慮到自己所付出的時間成本。一次機遇的喪失，便可導致幾個月、幾年甚至是一輩子年華的白白浪費。明白了這個道理，我們就會產生一種緊迫感，重新思考自己的處世態度，在行動上更多幾分主動，以便使更多的人來注意自己。

但是，毛遂自薦對很多人來說並不是一件簡單的事情，這是需要一定的膽識和勇氣的。不自信的人、害怕失敗的人是不敢嘗試的。只有具備勇氣的人才能獲得成功。

義大利歌唱家帕華洛帝（Pavarotti）到外國學院尋訪的時候，許多有音樂功底和有社會背景的學生都使出渾身解數，以求得在這位歌王面前一展歌喉。要知道，這可是一個難得的機會，哪怕是得到歌王的一句肯定，也足以引起中外記者們的大肆報導，從而讓歌壇上耀升一顆新星。

在學院的一間教室裡，帕華洛帝耐心地一個一個聽大家唱歌，不置可否。正在沉悶之時，窗外有一男孩引吭高歌，唱的正是名曲〈公主徹夜未眠〉（Nessun dorma）。聽到窗外的歌聲，帕華洛帝的眉頭舒展開了：「這個學生的聲音像我。」接著他又對校方陪同人員說：「這個學生叫什麼名字？我要見他！並收他做我的學生！」但以他的資歷和背景，根本沒有機會面見到帕華洛帝，他只能憑藉歌聲推薦自己。後來，在帕華洛帝的親自安排下，這位男孩得以順利出國深造。

1998 年，義大利舉行世界聲樂大賽，正在奧地利學習的男孩又寫信給帕華洛帝。於是，帕華洛帝親自寫信給義大利總統，推薦他參加音樂大賽，而他就在那次大賽上獲得名次。他憑著自己那善於推薦自己的勇氣和不斷努力的精神，在他的音樂道路上取得了非凡的成就。

　　這似乎是一個奇蹟，但這個成功的例子也足以讓一些懷才不遇的人沉思：機遇稍縱即逝，善於推薦自己十分重要。有人曾說過：「下棋找高手，弄斧到班門。」應勇於在能人面前表現自己，勇於和高手「試高下」。

　　機會可遇不可求，因此在很多時候是由我們主動爭取的，那些不敢也不願意推薦自己的人，往往會讓機會與他失之交臂。所以，如果你真正是一個有才華有特長的人，關鍵的時候大可不必過度抑制自己，要適時自我推薦，以求得發展的機遇。

站在老闆的角度考慮問題

當你站在老闆的角度考慮問題時，應該對你的工作態度、工作方式以及你的工作成果，提出更高的要求與標準，只要你深入思考，積極行動，那麼你所獲得的評價一定也會提高，很快就會脫穎而出的。

在 IBM 公司，每一個員工都樹立起一種態度 —— 我就是公司的主人，並且對相互之間的問題和目標有所了解。員工主動接觸高級管理人員，與工作的指揮人員保持有效的溝通，對所從事的工作更是積極主動去完成，並能保持高度的工作熱情。

「站在老闆的角度考慮問題」這種如此重要的工作態度，源於老托馬斯‧華生（Thomas Watson）的一次銷售會議。

那是一個寒風凜冽、陰雨連綿的下午，老托馬斯在會上先介紹了當前的銷售情況，分析了市場面臨的種種困難。會議一直持續到黃昏，氣氛很沉悶，一直都是托馬斯‧華生自己在說，其他人則顯得煩躁不安。

面對這種情況，老托馬斯緘默了 10 秒鐘，待大家突然發現這個十分安靜的情形有點不對勁的時候，他在黑板上寫了一個很大的「THINK」（思考），然後對大家說：「我們共同缺少的是 —— 思考，對於每一個問題的思考，別忘了，我們都是靠工作賺得薪水的，我們必須把公司的問題當成自己的問題來思考。」之後，他要求在場的人動動腦筋，每人提出一個建議。實在沒有什麼建議的，對別人提出的問題，加以歸納總結，闡述自己的看法與觀點。否則，不得離開會場。

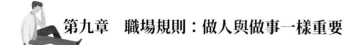

結果，這次會議取得了很大的成功，許多問題被提了出來，並找到了相應的解決辦法。

必須承認，許多公司的管理者與員工的心理狀態很難達到完全的一致，角色、地位和對公司的所有權不同，導致了這種心態的產生。在許多員工的想法中「公司的發展是由員工決定的」諸如此類的話只不過是一句空話。他們經常會對自己說：「我只是在為老闆打工，如果我是老闆，會將公司管理得更好。」但事實上，真的會如此嗎？

傑克是一位很有才華的年輕人，但是對待工作總是顯得漫不經心。他的朋友曾經就此問題和他交流過，他的回答是：「這又不是我的公司，我沒有必要為老闆拚命。如果是我自己的公司，我相信自己一定會比他更努力，做得更好。」

一年以後，他寫信告訴他的朋友說他已經離開了原來的公司，自己獨立創業，開辦了一家小公司。「我會很用心地做好它，因為它是我自己的。」在信中的末尾他這樣寫道。他的朋友回信對他表示祝賀，同時也提醒他注意，對未來可能遭遇的挫折一定要有足夠的思想準備。

半年以後，他的朋友又一次得到的傑克的消息，他告訴朋友自己一個月前關閉了自己的公司，重新成為打工族，理由是：「我發現原來有那麼多的事要我去做，我實在是應付不了。」

許多現在受雇於他人的人，他們的態度十分明確：

「我是不可能永遠打工的。打工只是過程，當老闆才是目的。我每做一份工作都在為自己爭取經驗和關係。等到機會成熟，我會毫不猶豫地自己做。」這是一種值得敬佩的創業激情，但是如果抱著「如果自己當老闆，我會更努

力」的想法則可能適得其反。

　　其實，公司的管理者們希望員工「站在老闆的角度考慮問題」，樹立一種主人翁意識時，並不是發出了所有人都可以成為老闆的信號，而是向員工提出了更高的標準。要知道，我們的工作並不是單純地為了成為老闆或是擁有自己的公司，我們既是在為自己的經驗，也是為自己的未來工作。

　　「站在老闆的角度考慮問題」是對我們個人的發展提出的一種更高的要求。以更高的標準要求自己，無疑可以取得更大的進步，這其中包括：具有更強的責任心，努力爭取更上一層樓；更加重視顧客和個人的服務；心智得到更高的提升，贏得更加廣泛的尊重；取得更多的合作機會等等。

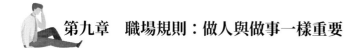

向主管提意見時要把握分寸

在實際工作中，每個員工都傳統地傾向於服從領導者，自覺或不自覺地認為領導者凡事一定比自己高明，事實往往並非如此。但「金無足赤，人無完人」，再優秀的領導者也不可能做到樣樣精通，不一定樣樣強過下屬，他們在某一方面的缺陷往往需要下屬來彌補。作為員工，尤其在自己的業務方面，要能夠主動提出改善計畫，如果每次都是主管提出改進意見，那就意味著你的不稱職。一貫地對主管唯命是從，曲意逢迎，工作只是等待指令，毫無創意甚至沒有任何見解，這樣的員工要他何用？

小王、小黃和小李是大學同學，畢業後，三個人同時應聘一家大公司的市場部，聽命於同一位主管。三人工作能力和表現都不錯，兩年以後都成了部門骨幹。可是三個人在工作風格上有一個最大的不同，那就是當主管的決策出現問題時，小王就會視若罔聞，採取隔岸觀火的態度；而小黃往往會直言不諱地當著眾人的面向主管指問題。如果主管安排的事情有明顯的錯誤，小黃甚至會乾脆不執行。小李則完全不同，當他覺得主管的決策有問題的時候，他會先私下寫一封郵件給主管，表明自己的想法和擔心。如果主管堅持，他也能認真去執行，盡量完成主管的想法。即使失敗，他也主動承擔自己那部分責任，從來不在眾人面前抱怨主管。三年過去了，主管升職在即，選接班人時，他毫不猶豫地選擇了小李。

由此可以看出，在工作中，提出有效意見給主管是十分必要的。但對於主管來說，他又有他的自尊和權威，絕不容外人任意侵犯。既使他錯了，也

絕不容他的員工使他沒有面子。所以，向主管提建議時一定要把握分寸，不可魯莽。

1. 了解主管的脾氣。

作為員工，要想把自己的見解移植到主管頭腦中，對主管性格、喜好的了解是必不可少的。自己的主管個性是張揚的還是沉穩的？喜歡聽你報喜還是報憂？凡此等等都應當摸清楚。對性情暴躁、自以為是型的主管，談話時注意對方反應，透過表情和肢體語言，判斷他是否接受你的觀點。如果不接受，別太堅持，讓他真的實行後知道自己錯了，到時候他會更加感謝你，並欣賞你的先見之明。而對聰明睿智的主管，提出意見時不一定非要在辦公室，可以在飯桌上、汽車裡、走廊等不太正式的場合，趁他高興，借著聊天開玩笑，隨口就把意見溫柔地拋過去，讓他心領神會。

2. 不要當眾指出。

如果主管錯了，不要在眾人面前指出。畢竟主管就是主管，需要維護其尊嚴與面子，古今中外皆然。

某公司召開年終總結大會，主管講話時出了小錯，他說：「今年本公司的合作單位進一步擴充，到現在已發展到 56 個。」話音未落，一個員工站起來，向臺上講得眉飛色舞的主管高聲糾正道：「講錯了！講錯了！那是年初的數字，現在已達到 72 個。」結果全場譁然，主管羞得面紅耳赤，情緒頓時低落下來。

即使一件公事的處理，碰巧是主管的錯，他也應該擁有一定程度的被尊重，不可以員工搖晃著誰錯誰就應該受到譴責的旗幟，而不為主管留些情

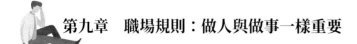

面，更不能事後與同事談論主管的錯誤，用嘲弄的口吻讓流言四散傳播，並用貶損主管的話來證明自己的聰明與正確。如果一定要讓主管知道他的錯誤，你應該在適當的場合，適當的時間私下找主管聊，談談自己的意見和看法。

3. 以書面的形式進行建議。

製作一份類似申請書的書面資料，而後留出專門的批示處，列上抬頭：「主管批示」。這樣，建議變成了申請，主管會覺得事情仍是他在決策，不會覺得被員工壓制。同時由於是書面資料，避免了口頭表達可能產生的歧義。而且，由於有專門的批示處，這樣建議一定會得到反饋，無論主管是否同意，主管的意見已經反饋過來了。

4. 學會選擇合適的時機說合適的話。

一定要選擇時機，切忌在主管心情很壞的時候或用不妥的方法提出。大多數主管雖然談不上日理萬機，但也非常忙碌，有時還有許多煩惱纏繞著他。當他心情好的時候，有些建議儘管不太中聽，他還是能接受的；如果他工作沒做好或者家中有什麼不快的事，他正憋著一肚子火無處發洩，你這時提建議，特別是刺耳的良言，那就正好撞在槍口上了。即使你的建議好得讓他不能不採納，但他也不會記著你的功，反而會因為你當時戳到他的痛處而記恨你，甚至找機會給你點教訓。如果建議對公司有益，最好在開會時提出，但切忌批評主管。你想提出與主管不同的意見，可以在私下裡單獨向主管提。因為別人聽不到，加上你的態度謙虛誠懇，主管肯定會慎重考慮。

每個人都希望自己的主管和善開朗、平易近人，能善待自己的建議和意

見，當然，這可能僅僅只是一個美好的願望。作為企業的員工，如果你能少一分對主管的苛求，而對自己建言方法多一份要求，無疑會對公司和主管及自己帶來更多的好處。即使是一時有委身於他人之感，時間一久，主管自然會把你留在自己的身邊委以重用。

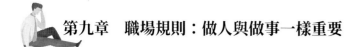

懂得與上司溝通

　　主動與上司溝通，一方面會促進上司對你的了解，另一方面會讓上司感到你對他的尊重。當機會來臨時，上司首先想到的自然便是你了。

　　懂得與上司溝通細節的員工，總能借溝通的管道，更快更好地領會上司的意圖，把自己的好建議潛移默化地變成上司的新點子，並把工作做得近乎完美，這樣才能獲得上司的歡心。

　　我們要在職場上取得成功，就不能把自己放在為別人打工而打工的位置上，唯恐與上司接觸多了就會增加工作任務，而應該主動與上司進行溝通，並注意好溝通中的細節，不要放棄任何與上司溝通的機會，比如聚餐、出差等。這樣做，一方面會促進上司對你的了解，另一方面會讓上司感受到你對他的尊重。當有什麼職位空缺時，上司第一個想到的自然是你。

　　在人才輩出的現代社會中，信守「沉默是金」無異於慢性自殺，而有正確的工作態度也只能讓你維持現狀，在職場上你要想有更大的發展，必須主動與上司溝通。

　　據統計，現代工作中的障礙一半以上都是由於溝通不夠而產生的。一個不善於與上司溝通的員工，是無法做好工作的。

　　金融界的某知名人士，初入金融界時，他的一些同學已在業內擔任高職，成為公司不可或缺的人才。當他向他們尋求建議時，他們教給他一個最重要的祕訣就是一定要積極地與上司溝通。

可事實上，很多員工對上司有生疏及恐懼感，他們在上司面前唯唯諾諾，一舉一動都很彆扭，極不自然，甚至就連工作中的報告，也盡量不與上司見面，或托同事代為轉述，或只用書面形式做工作報告，他們認為，這樣就可以不用與上司面對面交談了。

然而，人與人之間的好感是要透過實際接觸和語言溝通才能建立起來的。一個員工，只有主動跟上司作面對面的接觸，讓自己真實地展現在上司面前，才能令上司認識到自己的工作才能，才會有被賞識的機會，才可能得到提升。

那些只知道埋頭苦幹，一味地勤奮工作，怕事，不主動溝通的員工往往愛妄加猜測上司的意思，不願開口詢問，對什麼事都假裝自己知道情況，並拚命從不完整的訊息中拼湊出事情的全貌，最後的工作結果都是不盡人意。

而那些有潛在能力，懂得主動與上司溝通並且注重溝通細節的員工卻明白，在工作中保持沉默只會為自己帶來不利，只有積極溝通，成功地做完手頭的每一件工作才是最明智的選擇。所以，他們總能善於發現溝通管道，更快、更好地領會上司的意圖，把工作做得近乎完美。

主動與上司溝通，並注意好溝通的細節，必須要爭取每一個溝通機會。不僅在工作場合，日常生活中與上司的偶然一遇，也可能決定著你的未來。比如，電梯間、走廊上、吃員工餐時，遇見上司，你主動走過去向他問聲好，或者和他談幾句工作上的事。總有一天你會發現，你加薪晉升的速度比一般的同事要快。

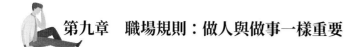

關鍵時候幫上司一把

　　上司既然是人不是神，決策就會有失誤之時。即使一直正確，群體中也可能出現對立面。這時，也許有些人會站在群體一邊，與上司反著做，這可就糟透了。這樣做無疑是掉進了晉升道路中難以自拔的陷阱。聰明的做法是，當上司與群體發生矛盾時，你應該大膽地站出來為上司做解釋與協調的工作，最終還是有益於群體利益的。

　　作為領導人，當在最需要人支援的時候被支援了，也就自然會視其為知己。實際上，上級與下屬的關係是十分微妙的，它既可以是領導與部下的關係，也可以是朋友關係。誠然，上司與員工身分不同，是有距離的，但身分不同的人，在心理上卻不一定有隔閡。一旦你與上級的關係發展到知己這個層次，較之於同僚，你就獲得了很大的優勢。你也可能因此而得到上級的特別關懷與支援。甚至，你們之間可以無話不談。至此，是否可以預言，你的晉升之日已經為期不遠了。

　　某公司部門經理方某由於辦事不力，受到公司總經理的指責，並扣發了他們部門所有員工的獎金。這樣一來，大家很有怨氣，認為方經理辦事失當，造成的責任卻由大家來承擔，所以一時間怨氣沖天，方經理處境非常困難。

　　這時祕書小宋站出來對大家說：「其實方經理在受到批評的時候還為大家據理力爭，要求總經理只處分他自己而不要扣大家的獎金。」聽到這些，大家對方經理的氣消了一半，小宋接著說，方經理從總經理那裡回來很難過，

表示下月一定想辦法補回獎金，把大家的損失透過別的方法補回來。小宋又對大家講，其實這次失誤除方經理的責任外，我們大家也有責任。請大家體諒方經理的處境，齊心協力，提升公司業績。

小宋的調解工作獲得了很大的成功。按理說這並不是祕書職權之內的事，但小宋的做法卻使方經理如釋重負，心情豁然開朗。接著方經理又推出了自己的方案，進一步激發了大家的熱情，很快糾紛得到了圓滿的解決。小宋在這個過程中發揮的作用是不小的，方經理當然另眼相看，善於為上司排憂解難，對於升遷競爭的確是有利的。

在關鍵時刻，在你的上級最需要的時刻，你能夠及時而勇敢地、巧妙地站出來，為他解除尷尬、窘迫的局面，這往往會取得出人意料的效果：你會突然發現，原來比較一般的關係更加密切了；原來只是工作上的關係，增加了感情上的色彩；原來對你的評價一般，而現在一下子發現了你更多的優點，你原來的缺點也似乎得到了「重新解釋」。甚至你會發現，你的晉升之日已經指日可待了。

在某日用品公司廣告部任職的張小姐，直接管理她的是廣告部主任。主任雖然接近 50 歲，卻是一個非常有活力的人，經常和年輕屬下打成一片。

張小姐佩服主任的原因是，公司領導層在廣告方面的「主旋律」趨向於保守，而主任卻一直頂著壓力堅持銳意進取，前不久，公司開始新的一輪廣告戰，廣告的載體以公共汽車車身為主，圖案是公司聘請的某香港歌星拍攝的。可是，當部分廣告樣印上公共汽車車身後，歌星的頭部剛好在車窗位置。當車窗開啟後，歌星的人和身體就被分隔了，遠遠看去非常難看。公司董事長對這次廣告非常不滿意，當著廣告部員工的面狠狠地批評了主任。

在同事們都在一邊旁觀時，張小姐挺身而出，主動承認廣告策劃是主任

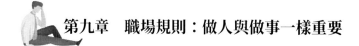

的意思，但是圖案的大小和排列是因為自己的疏忽。當她承諾會在最快的時間內交出新的廣告案時，董事長便沒有繼續斥責主任。剛才還灰頭土臉的主任挽回了一點顏面，對張小姐也是一臉感激。

後來，主任獲得了升遷的機會，登上公司經理的位置。主任離開後，當即提拔張小姐坐上了廣告部主任的位置。

在上司最需要的時刻，挺身而出做他的「擋箭牌」，為他化解尷尬、窘迫的局面，會讓他從內心接納你，並心存感激。

在日常生活中，尤其是在工作交往中，很可能會出現這樣的情況，某件事情明明是上司耽誤了或處理不當，可在追究責任時，上面卻指責自己沒有及時匯報，或匯報不準確。

例如，祕書科的小李在接到一家客戶的生意傳真之後，立即向經理匯報。可就在匯報的時候，經理正在與另一位客人說話，聽了小李的匯報後，他只是點點頭，說了聲：「我知道了。」便繼續與客人會談。

兩天以後，經理一個電話把小李叫到了辦公室，怒氣沖沖地質問小李為什麼不把那家客戶打來的生意傳真告訴他，以至於耽誤了一大筆交易。莫名其妙的小李本想向經理辯解兩句，表示自己已經向他做了及時的匯報，只是當時他在談話而忘了。可經理連珠炮式的指責簡直使他沒有插話的機會，而站在一旁的經理辦公室主任老趙也不停地向小李使眼色，暗示他不要辯解。這更是弄得小李糊塗不解。

經理發完火後，便立即叫小李走了。一起出來的老趙告訴小李，如果你當時與經理辯解，那你就大錯特錯了。聽了老趙的話，小李更是不得其解，弄不清其中的奧祕。事情過了很久，小李才逐漸明白了其中的含意。

　　原來，這位經理也知道小李已經向他匯報過了，也的確是他自己由於當時談話過於興奮而忘記了此事。但是，他可不能因此而在公司裡丟臉，讓別人知道他瀆職，耽誤了公司的生意，他必須找一個替罪羊，以此為自己開脫。所以，經理的發怒與其說是針對小李，還不如說是給全公司聽的。但是，如果小李不明事理，反而據理力爭，這樣，不僅不會得到經理的承認，而且很可能因此而被解雇。

　　那麼是不是在上司錯怪了自己之後，都不要去辯解呢？切不可簡單下這樣的結論。如果我們仔細分析上述例子，便可發現，經理之所以如此責怪小李，小李之所以不能辯解，是因為事關經理自己本身。假如事情不是這樣，那就另當別論了。

　　在這裡還應該特別注意的是，在一些小事情上，特別是沒有太大關係的事情上，被上司錯怪了，大可不必去辯解。因為，上司總是希望大事化小，小事化無，希望不出大麻煩，希望大家都聽他的。如果你為了一點小事不厭其煩地為自己辯解，以至於造成上司過多的麻煩，那儘管你的辯解是正確的、有力的，其客觀效果也並不好，反而會使上司討厭你，認為你心胸狹窄，斤斤計較。

　　所以說，適當地「糊塗」是醫治這種情緒病的良方。對人對事，只要不是原則問題，就大可「糊塗」待之。「糊塗」者，指不必事事計較誰是誰非；不去時時考慮個人得失；不去每次都分析誰占了我便宜；不去常常思考自己有沒有吃虧。

　　如果你覺得有必要予以辯解，使用的語言和態度如何是十分重要的。對此，除了考慮到當時上司的心情以及上司的性格特點與工作方式以外，非常重要的是，你切不可表現出一種蒙受冤枉的委屈狀，而應該表現出一種非常

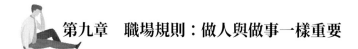

豁達的態度，首先肯定對方也許是無意中錯怪了自己，這樣，便給對方一個很好的臺階，以便於改變自己的觀點。另外一點是，在辯解過程中，最好是多用事實講話，用事實證明自己沒錯，而不要直接地用語言表示自己沒有責任。最好是避免在語言中出現：「不是我的錯」、「我沒有責任」之類的話，以免直接地刺激對方，使對方產生強烈的牴觸情緒。

包容他人的過錯

古人云：「冤冤相報何時了，得饒人處且饒人。」這是一種寬容，一種博大的胸懷，一種不拘小節的瀟灑，一種偉大的仁慈。從古至今，寬容被聖賢乃至平民百姓尊奉為做人的準則和信念，已成為傳統美德的一部分，並且視為育人律己的一條規則。

在日常工作中，難免會發生這樣的事：關係很不錯的同事，無意或有意做了傷害你的事，你是寬容他，還是從此分手，或伺機報復？有句話叫「以牙還牙」，分手或報復似乎更符合人的本能；但這樣做了，怨會越結越深，仇會越積越多，真是冤冤相報何時了。如果你在切膚之痛後，採取別人難以想像的態度，寬容對方，表現出別人難以達到的襟懷，你的形象就會高尚起來。你的寬宏大量、光明磊落使你的精神達到了一個新的境界，你的品格折射出高尚的光芒。寬容，作為一種美德受到了人們的推崇，作為一種人際交往的方式也越來越受到人們的重視和青睞。

二戰期間，一支部隊在森林中與敵軍相遇，激戰後剩下兩名士兵，與部隊失去了聯繫。這兩名士兵來自同一個小鎮。

兩人在森林中艱難跋涉，他們互相鼓勵、互相安慰。十多天過去了，仍未與部隊聯繫上。這一天，他們打死了一隻鹿，依靠鹿肉又艱難度過了幾天。可是也許是戰爭使動物四散奔逃或被殺光，這之後他們再也沒看到過任何動物。他們僅剩下的一點鹿肉，背在年輕士兵的身上。這一天，他們在森林中又一次與敵人相遇，再次經過一場激戰，他們巧妙地逃離了敵人。

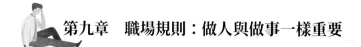

第九章 職場規則：做人與做事一樣重要

就在自以為已經安全時，只聽一聲槍響，走在前面的年輕士兵中了一槍——幸虧傷在肩膀上！後面的士兵惶恐地跑了過來。他害怕得語無倫次，抱著戰友的身體淚流不止，並趕快把自己的衣服撕下包紮戰友的傷口。

晚上，未受傷的士兵一直唸叨著母親的名字，兩眼直勾勾的。他們都以為他們熬不過這一關了，儘管飢餓難忍，可他們誰也沒動身邊的鹿肉。天知道他們是怎麼過了那一夜的。第二天，部隊救出了他們。

事隔 30 年，那位受傷的士兵安德森說：「我知道誰開的那一槍，他就是我的戰友。當他抱住我時，我碰到他發熱的槍管。我怎麼也不明白，他為什麼對我開槍。但當晚我就寬容了他。我知道他想獨吞我身上的鹿肉，我也知道他想為了他的母親而活下來。此後 30 年，我假裝根本不知道此事，也從不提及。戰爭太殘酷了，他母親還是沒有等到他回來，我和他一起祭奠了老人家。那一天，他跪下來，請求我原諒他，我沒讓他說下去。我們又做了幾十年的朋友，我寬恕了他。」

即使一個非常寬容的人，往往也很難容忍別人對自己的惡意誹謗和致命的傷害。但唯有以德報怨，把傷害留給自己，才能贏得一個充滿溫馨的世界。釋迦牟尼說：「以恨對恨，恨永遠存在；以愛對恨，恨自然消失。」

美國第三任總統傑弗遜（Jefferson）與第二任總統亞當斯（ Adams）從惡交到寬恕就是一個生動的例子。

傑弗遜在就任前夕，到白宮去想告訴亞當斯說，他希望針鋒相對的競選活動並沒有破壞他們之間的友誼。但據說傑弗遜還來不及開口，亞當斯便咆哮起來：「是你把我趕走的！是你把我趕走的！」從此兩人沒有交談達數年之久。直到後來傑弗遜的幾個鄰居去探訪亞當斯，這個堅強的老人仍在訴說那件難堪的事，但接著突然說出：「我一直都喜歡傑弗遜，現在仍然喜歡他。」

鄰居把這話傳給了傑弗遜，傑弗遜便請了一個彼此皆熟悉的朋友傳話，讓亞當斯也知道他的深重友情。後來，亞當斯回了一封信給他，兩人從此開始了美國歷史上最偉大的書信往來。

這個例子告訴我們，寬容是一種多麼可貴的精神和高尚的品格。

寬容意味著理解和通融，是融合人際關係的催化劑，是友誼之橋的緊固劑。寬容還能將敵意化解為友誼。戴爾‧卡內基（Dale Carnegie）在電臺介紹《小婦人》（Little Women）的作者時心不在焉地說錯了區域位置。其中一位聽眾就恨恨地寫信來罵他，把他罵得體無完膚。他當時真想回信告訴她：「我是把區域位置說錯了，但從來沒有見過像妳這麼粗魯無禮的女人。」但他控制了自己，沒有向她回擊；他鼓勵自己將敵意化解為友誼。他自問：「如果我是她的話，也會像她一樣憤怒嗎？」他盡量站在她的立場上來思索這件事情。他打了個電話給她，再三向她承認錯誤並表達道歉。這位太太終於表示了對他的敬佩，希望能與他進一步深交。

寬容是解除心中的鬱結的最佳良藥，寬廣胸襟是交友的上乘之道，寬容能使你贏得朋友友誼。

退一步，海闊天空，忍一時，風平浪靜。對於別人的過失，必要的指責無可厚非，但能以博大的胸懷去寬容別人，就會讓世界變得更精彩。以寬容之心度他人之過，做世上精彩之人。

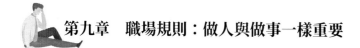

和同事和睦相處

相聚是一種緣分，來自四面八方的我們，懷著共同的志向，相聚在一起，組成了一個相互緊密聯繫群體。在工作中同事們之間相互幫助，密切配合，為一個個艱鉅的生產任務而共同努力著，這種默契和合作，在工作中形成的深厚友誼是我們的人生財富。

而同事之間相處融洽，大家心情愉快，還是提高工作效率的重要保障，也是決定團隊戰鬥力的重要因素。從時間上看，同事就如同家人，甚至比和家人相處的時間還長，彼此之間還有無所不在的競爭，所以，有摩擦是難免的。在相處的問題上，盡量保持一顆開放的心，多照顧別人的感情、情緒，真正地了解和體諒，發自內心地關懷，感情就會自然而然地建立了。要知道這麼做是為別人更是為自己，為了有個愉快的工作氣氛和高效率。否則，回到辦公室裡，大家白眼相向，心情惡劣，效率也無從談起，難道都不想混了？

一位白領的故事也許能給我們一些啟示：

為了適應市場變化，公司需要重組，200 多名員工，將裁減 45％。太殘酷了。更殘酷的是，我和大衛成了競爭對手。多年來，作為公司的技術中堅，我和大衛一起在一間辦公室，為著同一個目標共同努力，度過了多少疲勞或興奮的不眠之夜。我們是一對互相合作的兄弟，所有的設計圖稿中，都飽含著他的智慧和我的心血。在公司這部龐大的機器中，我和大衛是兩枚相依互動的齒輪啊！

　　那天主任找我們談話的時候，我們非常震驚。其他部門員工的去留，均按各自的業績進行對比，較容易決定；唯有我和大衛是公司的技術中堅，且工作合作性很強，難分高低，因此，老闆決定親自考核我們，並安排一次競爭。

　　原本兄弟般的感情，忽然變得尷尬了。我的心都涼了。早晨走進辦公室，大衛已經在那等著。他苦笑，沒出聲。我也不知道說什麼好，氣氛相當壓抑。這熟悉的電腦、熟悉的桌椅乃至熟悉的人竟然如此陌生！

　　決定命運的時刻到了。老闆先做開場白：「並非公司多了你們兩個人，實乃迫不得已啊！」說著，將同樣兩份試題分給我和大衛。一個小時的緊張做答，我和大衛幾乎同時交出答卷。老闆和主任對照圖紙研究了好長時間，似乎十分為難。主任小心地說：「這兩個兄弟跟了我多年，老闆，我是一個也捨不得啊！」老闆抬眼看看他，猶豫半晌，緩緩地說：「這樣吧，由他們相互評價對方，再做決定。」然後，將我的設計圖紙給了大衛，而大衛的給我，又說：「滿分為 10 分，另外各自寫出對對方作品的書面評語。」

　　原本痛苦的我，越覺得陷入「絕境」！老闆簡直將我們推入了古羅馬競技場！

　　凝望著大衛的圖紙，我久久不能平靜。他的思維和技法才華橫溢，其中有我熟悉的味道，否定他，就等於否定我自己！多年在一起的學習和實踐，我們已相互滲透得很深很深……還想什麼呢？我輕鬆地在大衛的圖紙上打了個 9 分。

　　當我發現大衛也給了我 9 分時，我流淚了。我們緊緊擁抱在一起。老闆深受感動，拉住我們的手說：「在這個關頭，你們用各自的心靈選擇了對手，請原諒我剛才的冷酷，也請允許我邀請你們永遠留在公司，因為，你們是同

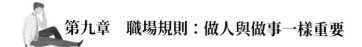

一個人，卻擁有兩份力量。公司永遠需要這種力量，它無堅不摧！」

因此，我們要每天帶著感恩、帶著陽光、帶著幽默、帶著愉悅的心情對待身邊的每一位同事，互相都能看到對方的優點，互相都為對方的成功鼓掌。

當然，同事之間有時也難免有一些摩擦，這需要我們用正確的心態去看待，「矛盾是前進的動力，沒有矛盾就沒有發展」，這是辯證法的觀點。也許正是這種矛盾讓你認清了自己，糾正了偏離的人生航向。有一首歌曾唱道：感謝蒼天，感謝大地，感謝我們的敵人。是啊，我們要感謝敵人，因為敵人就像是一面鏡子，讓我們知道自己的缺點所在。這是一種何等的胸懷啊！連敵人都要感謝，何況是我們朝夕相處的同事呢？

小王和小張在同一家公司的同一個部門工作，她們分別負責銷售統計工作的製單和核單工作，也就是說小王負責填製單據，然後交由小張核對後，才能發貨。這是兩個聯繫密切的職位。一天午餐時，小王無意中說了一句話傷害了小張，自己卻未察覺，而小張礙於面子未當面指出，卻耿耿於懷。後來恰逢小王填製單據時出了錯，小張核對時發現了，因在氣頭上，她故意不予指出。結果發錯了貨，讓公司造成了損失。小王受到處罰，小張也難逃責罰。事後，小張為自己的心胸狹窄、意氣用事懊悔不已。

在職業生涯中，每個人都會遇到不順心、不如意的事。這時，我們只有保持心胸寬闊的態度，冷靜處理，才能把問題圓滿解決。那麼，具體應該怎樣做呢？

一是忘掉舊怨新仇，化「敵」為友，握手言歡，和同事愉快合作。大家保持健康的心態，和睦相處，才能減少人際摩擦，增強團體凝聚力。心中無芥蒂，臉上有笑容。

二是忘掉自己的資歷，從「元老」二字中解脫出來。保持進取精神和飽滿的工作熱情，別躺在「功勞簿」上睡大覺。和新人友好相處，同甘共樂。

　　三是忘掉在外開拓業務時的冷遇。客戶的冷臉、閉門羹、被刁難，對業務員來說已是家常便飯。將種種不愉快、不順暢的事統統拋之腦後。

　　四是用平常心看待職場得失。職場受挫不可怕，鬥志消亡才可悲。應抱著「這不是失敗，只是暫時未成功」的心態，持之以恆地努力，困難定會迎刃而解。

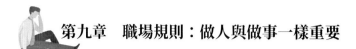

第九章　職場規則：做人與做事一樣重要

第十章

提升自我：在工作中成長

如今職場競爭異常激烈，如果員工長期處於平穩無波瀾的環境中，就會失去生命活力和前進的動力，容易養成惰性，缺乏競爭力。只有有壓力、有競爭、有生存威脅，員工才會有緊迫感和進取心，才會永遠成為企業的優秀員工。作為一個企業的優秀員工，要記得在工作中不斷為自己設定更高的目標，不斷戰勝和超越自我。只有這樣，才能使自己站在競爭圈子之外，快速奔跑，並持續創造出公司的輝煌。

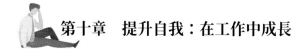

敬業，樂於奉獻

　　能夠從事一份自己感興趣的工作固然是一件幸運而幸福的事，因為感興趣，所以在工作上就能很投入，心情也非常愉悅。然而，事實上絕大多數人所從事的工作並不是最初自己的興趣所在，即使從事了自己感興趣的工作，時間一長，有些人也會漸漸失去興趣，變得麻木甚至反感。這些人，工作上很難取得好的成績，事業上也很少有發展的機會。

　　而那些事業上的成功者，大多都是從最底層最基礎的工作做起的，但他們無怨無悔，始終以積極的態度主動地有創造性的開展工作。對於工作，他們始終是認真負責的，對於自己所在的部門和從事的職業，態度也總是忠誠專一的。正因為他們敬業、樂於奉獻，在取得一定業績的同時，也得到了所有人的讚賞、上司的賞識。

　　可見，工作是否能給予我們更多的回報，取決於我們對它的態度，取決於我們是否能積極主動地從事它。

　　敬業精神是社會發展的所需，是企業競爭的所需，也是個人生存的所需。古今中外，敬業精神一直為人類所推崇。這不僅僅是因為「敬業精神」有益於政府、軍隊和每一個企業組織，同時更重要的是這種精神還有益於我們自己。

　　對於一名員工來說，高尚的職業道德首先表現為對職業的尊敬和熱愛，也就是說敬業是職業精神的靈魂。敬業，用最簡單、最直接但是最有力的話說就是良知與自覺，換句話說，就是竭盡全力把工作做好，這是我該做

的，不需任何理由與讚美，在工作中安身立命，在完美中心安。敬業是積極向上的人生態度，是一個人對自己、對公司、對社會負責的具體展現。忠於職守、熱愛本職、兢兢業業、精益求精、一絲不苟等等，都是敬業的具體表現。

做到敬業首先要求我們要愛工作，因為一個人只有愛上了自己的職業和職位，他的身心才會融合在職業工作中，才能在自己的職位上做出不平凡的事業，「做一行，愛一行」說的就是這個道理；另一方面，由於社會、歷史、機遇等原因，人們可能對目前的工作職位不太滿意，但是這絕對不能成為不敬業的理由。因為從某種程度上來說，敬業是一種精神。即使不喜歡自己的工作，但敬業的人仍能將它做到最好。

因此，一個人無論從事何種職業，都應該盡心盡責，盡自己最大的努力，求得不斷的進步。這不僅是工作的原則，也是人生的原則。要知道，無論什麼工作，只要用心去做，總是可以發現其中的樂趣的。這就是說，一個人應該先做好自己的工作。只有「做一行，愛一行」才能「愛一行，做一行」。你選擇了哪一行就得做好哪一行，然後在這個過程中培養自己的毅力和基本素養。只有做好自己的工作的人才能做好其他的事情。

約翰尼是一家連鎖超市的打包員，日復一日地重複著幾乎不用動腦甚至技巧也不複雜的簡單工作。但是，有一天，他聽了一個主題為建立工作意識和重建敬業精神的演講，便要透過自己的努力使自己的單調工作變得豐富起來，他讓父親教他如何使用電腦，並設計了一個程式，然後，每天晚上回家後，他就開始尋找「每日一得」，輸入電腦，再打上好多份，在每一份的背面都簽上自己的名字。第二天他幫顧客打包時，就把這些寫著溫馨有趣或發人深省的「每日一得」紙條放入買主的購物袋中。

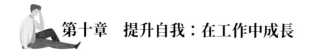

結果，奇蹟發生了。一天，連鎖店經理到店裡去，發現約翰尼的收銀檯前排隊的人比其他收銀檯多出 3 倍！經理大聲叫道：「多排幾隊！不要都擠在一個地方！」可是沒有人聽。顧客們說：「我們都排約翰尼的隊 —— 我們想要他的『每日一得』。」一位婦女走到經理面前說：「我過去一個禮拜來一次商店。可現在我路過就會進來，因為我想要那個『每日一得』。」

一個普通的小員工約翰尼的創意激發了很多的人靈感：在花店中，員工們要是發現一朵折壞的花或用過的花飾，他們會到街上把它們送老太太或是小女孩戴上。一個賣肉的員工是史努比的愛好者，就買了 5 萬張史努比的貼紙，貼到每一個他賣出的貨物上。

工作的無聊或有趣不能成為你敬業與否的理由，不管你的工作有多麼的無聊、單調或乏味，你能做的只能是努力工作。如果的確是沒什麼意義的工作，儘管無聊，也不可一味抱怨，請想出一些把工作變得更有趣的方法。一件工作是否無聊或有趣，是由你怎麼想、怎麼去完成所決定的，而不是考慮工作本身是否無聊或有趣。

工作是為了讓生活變得更好，讓自己更快樂。一個人工作時所具有的精神，不但和工作的效率有很大關係，而且他本人的品格也有重要影響。工作就是一個人的人品表現，你的工作就是你的興趣、理想，只要看到了一個人所做的工作，就如見其人。

只有熱愛，才會有熱情。熱情是工作的動力，沒有熱情，就不能把工作做好，更談不上敬業。只有愛你做的事，才能做好你愛的事，你對工作投入的熱情越多，決心越大，工作效率就越高。當你抱有這樣的熱情時，上班就不再是一件苦差事，工作就變成了一種樂趣，那麼業績的提升就是水到渠成的了。

一個員工，只要你手頭上有工作，就要以真誠的心態對待這份職業。即使你自命不凡，心中想像的是更加美好的職業，但是對手中的職業，一定要以快樂和樂意的態度接受，以真誠和認真的姿態完成。所以，不僅要「做一行，愛一行」，還要「愛一行，精一行」。只有做好你手頭的工作，人生才有一個完美的結果。

　　「無論從事什麼職業都應該精通它。」這是成功的一種祕密武器。現在，最需要做到的就是「精通」二字。掌握自己職業領域的所有問題，使自己比他人更精通，你就有可能比其他人有機會得到提升和發展。當一個人「做一行，愛一行，精一行」時，才會發揮出他自己最大的效率，而且也能更迅速、更容易地獲得成功。

　　在職場中，一旦你選定從事某種職業，就要立即打起精神，不斷勉勵自己、訓練自己、控制自己。在你的工作中要有堅定的意志，並敬畏它，不斷地向前邁進，如此就會走向自己夢寐以求的成功境地。

　　在二戰期間，一艘美國驅逐艦停泊在某國的港灣，那天晚上萬里無雲，明月高照，一片寧靜。一名士兵例行巡視全艦，突然停步站立不動，他看到一個烏黑的大東西在不遠的水上浮動著，他驚駭地看出那是一枚觸發水雷，可能是從一處雷區脫離出來的，正隨著退潮慢慢向著艦身中央漂。抓起艦內通訊電話機，他通知了值日官，而值日官馬上快步跑來，他們也很快地通知了艦長，並且發出全艦戒備訊號，全艦立刻動員了起來。士兵們都愕然地注視著那枚慢慢漂近的水雷，大家都了解眼前的狀況，災難即將來臨。軍官立刻提出各種辦法。他們該起錨離開嗎？不行，沒有足夠的時間。發動引擎使水雷漂離艦身嗎？不行，因為螺旋槳轉動只會使水雷更快地漂向艦身。以槍炮引發水雷？也不行，因為那枚水雷太接近艦裡面的彈藥庫。那麼該怎麼辦

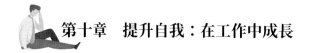

呢？放下一隻小艇，用一根長桿把水雷拖走？這也不行，因為那是一枚觸發水雷，而且也沒有時間去抓水下水雷的雷管。悲劇似乎是沒有辦法避免了。突然，一名士兵想出了比所有軍官所能想的更好的辦法。「把消防水龍頭拿來。」他大喊著。大家立刻明白這個辦法的道理。他們向艦艇和水雷之間的海上噴水，製造一條水流，把水雷帶向遠方，然後再用艦炮引炸了水雷。

這位水兵真是了不起。他當然不凡 —— 但是他卻只是一個凡人。不過他卻具有在危機狀況下冷靜而正確思考的能力。我們每一個人的身體內部都有這種天賦的能力。也就是說，我們每一個人都有創造的潛能。不論有什麼樣的困難或危機影響到你，只要你認為你可以，你就能夠處理和解決這些困難或危機。對你的能力抱著肯定的想法就能積極地發揮出力量，因而產生有效的行動。

人生最大的挑戰其實不是突然的災變和改變命運的選擇，而是日復一日、年復一年、平淡而又極其平凡的普通日子，能在曠日持久的平凡中感受到偉大，在重複單調的過程中享受到豐富的生命，才是對人的生命最嚴峻的考驗。

我們每個人的工作都會直接或間接地影響整個企業。我們承擔著不同的責任，只有每個人都很好地各司其職，整個企業才能正常運轉。就像是大家都在一條船上，有的掌舵，有的划槳，有的張帆，如果其中有一個不能盡職盡責，就勢必會影響整條船的運行；只有大家齊心協力，共同努力工作，公司這條船才能乘風破浪，走向一個又一個的勝利。

因此，作為員工，如果你不能成為山頂上的一棵松，就做一棵小樹生長在山谷中，但必須是山谷中最好的一棵小樹；如果你不能做太陽，就做一顆星星，但不論你做什麼，都要做最好的那個！

具備全面發展的職業素養

通常員工的工作很多，老闆不可能事事過問，因為老闆沒有那麼多的精力。老闆只在大範圍上掌控全局，而具體的每一部分工作都是員工負責。而這種工作的獨立性使得你必須要全面提升你的工作能力才行。這也是你在公司立足和升職的必備要求。

首先，如果你能在財務、英語、電腦等方面皆有一技之長，老闆會覺得這些方面沒有你不行，這樣才能認識到你的價值，你在老闆心目中的地位才能鞏固和加重；

其次，一個人做普通員工可能只是一種「過渡」，在「過渡」期內累積工作經驗和訓練自己的各方面能力是很關鍵的。

一個員工將來要成功地走上優秀員工的地位，甚至自己來當老闆，都要有較全面的工作能力。如果你沒有這些能力，不僅不能讓老闆放心，反而會為老闆帶來了包袱。老闆肯定不會喜歡你的。所以，在工作中具備全面發展的職業素養，才能讓老闆器重你，讓別人佩服你。

在此，要提點小建議給普通員工，以便讓自己早日成為公司的優秀員工。

1・要有獨到的見解

老闆在做決策時，需要員工提出一些新招，獨特的「點子」。這些「點子」即使不一定被採用，也能為老闆思考問題和做出正確決策提供一個新的

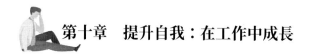

思路。如果你沒有見解，那是對老闆最不好的交代，因為老闆不喜歡只會埋頭苦幹而不懂動腦筋的人。

2．勇於承擔大事

要勇於把同事不能做的大事承擔下來，因為這種事情老闆和其他同事都感到棘手，「危難時刻方顯英雄本色」，這時你能從容鎮定地把問題解決，老闆對你就會另眼相看。

3．從小事入手

工作中有許多細微的小事，這往往也是被大家所忽略的地方，用心的員工是不會忽視這些不起眼的小事的。俗話說，大處著眼，小處著手。學做些小事，在老闆看來，也許是填缺補漏，但時間長了，你考慮事情周到、能吃苦、工作扎實的作風就會深深地印在老闆心中。

作為老闆，他們一般都喜歡勤奮工作的員工，可是勤奮並不是每個人都能做得到的，這需要員工成為一個用心的人，隨時用努力的心去工作。

(1) 文件不離手

千萬不要兩手空空。要知道拿著文件的人看上去像去開高層會議的人，手裡拿著報紙的人好像要上廁所，而兩手空空的人則會被人以為要外出吃飯。有必要的話，還可拿些檔案回家，老闆一定認為你是一個以企業為重，不惜用上私人時間處理公務的好員工。

(2) 總是在用電腦

對很多人來說，在工作時，埋首電腦的人就是積極工作的人。但誰知道

你在做什麼呢？哪怕是做些跟工作無關的事。

(3) 利用電話語音信箱減少工作量

如果你有電話語音信箱的話，記住不要勤接電話。善者不來，來者不善。在企業收到的電話通常都是跟工作有關。語音信箱便成了一個極好的辨別工具。如果有人打電話，留言叫你做什麼工作，你便留待午飯時間，趁他們不在，你再回覆電話留言給他們，這樣人家不會覺得你沒有禮貌，又可以把事件延後處理。拖呀拖，大有可能致電給你的人會再次留言說：「剛才我留下的 message，你不用理會啦，我自己已經搞定了。」

(4) 常常有急事要辦

旁邊的人煩躁不安，你會覺得他一定有些重要事情要辦吧？對了，所以就帶著有急事要辦的樣子，老闆一定以為你盡忠職守。或是在眾人面前，嘆嘆氣，大家一定明白你面對的壓力有多大。

(5) 比別人晚下班

不要比你的老闆早下班，最好在別人離開後，在你老闆面前出現一下。老闆一定對你的「努力」留下深刻印象。

(6) 多看時尚雜誌

有空別忘記多看時尚雜誌，了解一下流行資訊、科技術語和新產品名錄。當眾人議論時，這些詞彙便派上用場了。

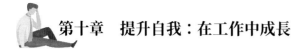

(7) 勤勞地發郵件給老闆

　　當你獨立做一個項目時，應每隔一段時間就發一封郵件給老闆，告訴他你最新的進展。郵件有時白天發，有時夜晚發，這樣老闆能感覺到你一直在努力工作，並且非常重視與他的溝通。

對待工作始終充滿熱情

　　工作對於一個人而言，是人生最重要的部分，不僅食、衣、住、行要靠工作，自我的實現也不能脫離工作。怎樣才能聲名遠播？只有透過你的工作！亨利・福特認為：工作是你可以依靠的東西，是可以終生信賴而永遠不會背棄你的朋友。

　　一個人的工作比任何事情都更強烈地影響他的生活。工作使人得以施展才華，使人積極地生活，能激勵人的進取心，讓他覺得自己是個真正的人，因此必須處在真正適合自己的位置上，完成自己所應完成的工作，承擔自己應該承擔的職責，並表現出真正的勇氣與膽識。

　　如果無事可做，他就不會覺得自己是個真正的人。無事可做的人無法透過工作來表現自己堅強的個性。知道怎樣完成適合自己的工作，進行健全完整的思考，開創一條與眾不同的道路，勇敢承受巨大的壓力和職責，只有這樣，才能真正造就自己，使自己成為偉大的人。

　　世界上最大的悲劇莫過於許多人從來沒有發現自己真正想做什麼。想想看，一個人在工作中只能賺到薪水，其他的一無所獲，是一件多麼可悲的事情啊！只把命定的職業看作謀生的手段。生活本來可以更壯麗輝煌，本來可以使生活更充實，人生更完滿，然而，僅僅為了謀生而工作的看法卻使他們變得卑微和庸俗。

　　選擇職業就等於選擇生活方式，工作不僅意味著賺取生活費，更關係著個人的命運。選擇職業時，不要問自己可以賺多少錢或可以獲得多大的名

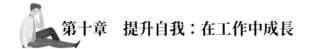

聲，而應該問問哪些工作可以最充分地發揮自己的優勢？因為，人生最重要的不是金錢、地位和名望，而是實現自己的力量和內涵。實現自我、做一個完整的人比獲得金錢和財富更重要，比名望和地位更尊貴。

人們的喜悅，不是只靠金錢就能得到的。薪水可以減少人的不滿，但不能增加人的滿足感。應該說，能夠增加人的滿足感的，還是工作本身。人的一生中，可以沒有很大的名望，也可以沒有很多的財富，但不可以沒有工作的樂趣。大多數人都是平凡的，但大多數平凡的人都想變成不平凡的人，無論是否能變成一個不平凡的人，每一個人都應當從工作中得到樂趣。而工作的樂趣正如健康一樣珍貴，有時候甚至比名與利更難得到。工作是一門藝術，缺少了快樂這支彩色筆的渲染和點綴，藝術的色調就會變得灰暗，變得枯燥乏味。

人生的真諦在於：花開不是為了花落，而是為了燦爛。帶給自己工作樂趣的也不能僅僅是最後達到的終點，更重要的應是工作的全過程。一個演員的快樂要來自演戲的過程，正如一個老師要在教學中得到快樂一樣，也正如一個待產的母親，她的快樂不只是來自嬰兒的誕生，同樣來自於懷孕中期待的過程。追求財富常常會令人失望，追求權力常常會落空，而追求工作的樂趣則如追求知識一樣，既不會令人失望，也不會落空。它是現代人的權利，也是現代人的義務。

一位哲人說過：「興趣比天才重要。」如果一個人對某一工作有興趣，就能夠發揮他全部才能的80％～90％，並且能保持較長時間的高效率而不感到疲勞。而對工作缺乏興趣的人，只能發揮其全部才能的20％～30％，也容易精疲力竭。因此，誰找到了自己最感興趣的、最合乎自己性格的工作，誰就等於踏上了通向成功的道路。

琥碧‧戈柏（Whoopi Goldberg）就是這樣一個人。她是一個在紐約曼哈頓貧民區長大的野孩子，長得難看，甚至可以說醜陋。她從來沒有接受過正式的高等教育，只是看過不少好萊塢經典作品，並幻想有朝一日能像電影裡那些大明星一樣出入上流社交場合，談吐幽默、舉止高雅。最初的她滿口粗話，非常窮困，而她當時的工作是為屍體整容。所以，當她對別人說她要拍電影時，得來的總是嘲諷。

如果把她進軍好萊塢的過程拍成一部紀錄片的話，你就會看到一個只是憑著興趣、熱情和永不放棄自己夢想的人，是怎樣贏得一個個人生發展機會的。

她先進的是百老匯，在那裡她想方設法參加各種團體表演。在舞臺上，她的智慧和快樂的天性迸發了出來，出色得耀眼，但是由於面貌醜陋和演藝圈對黑人的歧視，琥碧並未受到重用。她鼓勵自己，如果想讓別人不放棄你，首先你不能放棄自己。

經過幾年的刻苦磨練之後，終於在 1985 年於史蒂芬‧史匹柏（Steven Spielberg）導演的影片《紫色姐妹花》（The Color Purple）中，她成功地扮演了一位受丈夫虐待而苦苦在命運的泥潭中掙扎的女奴。這是她的第一部電影，並獲得了金球獎、最佳女演員獎和奧斯卡最佳女主角獎提名。

1990 年她在影片《第六感生死戀》（Ghost）中成功飾演了一位善良詼諧的黑人女巫師，從而獲得了奧斯卡最佳女配角獎。此後由她主演的《修女也瘋狂》（Sister Act）更是令觀眾如癡如醉，電影創下了當年的夏季票房之最，超過一億美元。

如今她是美國最受歡迎的演員之一。除了演電影，她還在世界各地舉辦個人演出晚會、錄唱片。

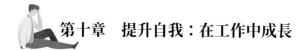

第十章　提升自我：在工作中成長

　　所有人都說這簡直是個奇蹟，但是如果你知道這樣一個既不年輕又無美貌的黑人女子是怎樣一直滿懷熱情，永不放棄的，你就不會感到意外了。

　　美國偉大的哲學家愛默生（Emerson）說：「不傾注熱情，休想成就豐功偉績。」熱情是工作的靈魂，是一種能把全身的每一個細胞都調動起來的力量，是不斷鞭策和激勵我們向前奮鬥的動力。在所有偉大成就的過程中，熱情是最具有活力的因素，可使我們不懼現實中的重重困難。每一項發明，每一個工作業績，無不是熱情創造出來的，熱情是工作的靈魂，甚至就是工作本身。

　　對於一個有熱情的人來說，沒有不值得揮汗的小事，也沒有做不好的事。比爾蓋茲有句名言：「每天早晨醒來，一想到所從事的工作和所開發的技術將會為人類生活帶來的巨大影響和變化，我就會無比興奮和激動。」

　　比爾蓋茲的這句話闡釋了他對工作的熱情。在他看來，一個成就事業的人，最重要的素養是對工作的熱情，而不是能力、責任及其他（雖然它們也不可或缺）。他的這種理念，成為一種微軟的優秀文化，像基石一樣讓微軟王國在 IT 世界傲視群雄。

　　以充滿熱情的心態融入到工作當中，我們的工作就會發生巨大的改變，著名人壽保險推銷員弗蘭克·貝特格（Frank Bettger）在他的自傳中，向我們充分詮釋了這一點：「在我剛轉入職業棒球界不久，我就遭到了有生以來最大的打擊 —— 我被開除了。理由是我打球無精打采。老闆對我說：『弗蘭克，離開這裡後，無論你去哪裡，都要振作起來，工作中要有生氣和熱情。』這是一個重要的忠告，雖然代價慘重，但還不算太遲。於是，當我進入紐黑文隊時，我下定決心在這次聯賽中一定要成為最有熱情的球員。」

　　「從此以後，我在球場上就像一個充飽了電的勇士。擲球是如此之快、

如此有力，以至於幾乎要震落內場接球同伴的手套。在烈日炎炎下，為了贏得至關重要的一分，我在球場上奔來跑去，完全忘了這樣會很容易中暑。第二天早晨的報紙上赫然登著我們的消息，上面是這樣寫的：『這個新手充滿了熱情並感染了我們的年輕人們。他們不但贏得了比賽，而且情緒比任何時候都要好。』那家報紙還為我取了一個綽號叫『銳氣』，說我是隊裡的『靈魂』。三個星期以前我還被人罵作『懶惰的傢伙』，可現在我的綽號竟然是『銳氣』。」

　　一個人的終身職業，就是他親手製成的雕像，美麗還是醜惡，可愛還是可憎，都是由他一手造成的。而人的一舉一動，無論是寫一封信，出售一件貨物，或是一句談話，一點想法，都在說明雕像的美或醜，可愛或可憎。

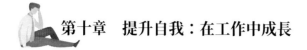

正確地做事並做正確的事

「不但要正確地做事，更要做正確的事。」自從管理學大師彼得‧杜拉克（Peter Drucker）創造性地將這個觀點運用於解決企業問題後，改變了很多企業管理者的思考方式，把他們關注焦點從腓德烈‧溫斯洛‧泰勒（Frederick Winslow Taylor）的效率主義引向了效果，從而開創了管理學的第二個里程碑。

麥肯錫一位資深諮詢顧問曾說：「我們不一定知道正確的道路是什麼，但不要在錯誤的道路上走得太遠。」他說：麥肯錫卓越的工作方法的最大祕訣就是，每一個麥肯錫員工在開始工作前必須先確保自己是在「做正確的事」。這是一條對所有人都具有重要意義的告誡。他告訴我們一個十分重要的工作方法，如果我們一時還弄不清楚「正確的道路」（正確的事）在哪裡，最起碼，就先停下自己手頭的工作。

有一個故事對此做了極好的解答。

故事說：有一次，一個人要在客廳裡釘一幅畫，就請來鄰居幫忙。畫已經在牆上扶好，正準備釘釘子，這位鄰居說：「這樣不好，最好釘兩個木塊，把畫掛上面。」主人遵從鄰居的意見，讓鄰居幫忙去找木塊。

木塊很快就找來了，正要釘時，鄰居又說：「等一等，木塊有點大，最好能鋸掉一點。」於是便四處去找鋸子。找來鋸子，還沒有鋸兩下，「不行，這鋸子太鈍了，」鄰居說，「得磨一磨。」

鄰居家有一把銼刀，銼刀拿來了，鄰居又發現銼刀沒有把柄。為了幫銼

刀裝把柄，鄰居又去校園旁邊的一個灌木叢裡尋找小樹。要砍下小樹，鄰居又發現主人那把生滿鐵銹的斧頭實在是不能用。鄰居於是又找來磨刀石，可是為了固定住磨刀石，必須得製作幾根固定磨刀石的木條。為此鄰居又到校外去找一位木匠，說木匠家有現成的木條。然而，這一走，就再也沒見鄰居回來。

當然了，那幅畫，主人還是一邊一個釘子把它釘在了牆上。

下午再見到他的那位鄰居的時候，是在街上，鄰居正在幫木匠從五金行裡往外搬一臺笨重的電鋸。

工作和生活中有好多種像這位熱心的鄰居那樣走不回來的人。他們認為要做好這一件事，必須得去做前一件事，要做好前一件事，必須得去做更前面的一件事。他們逆流而上，尋根探底，直至把那原始的目的淡忘得一乾二淨。這種人看似忙碌，一副辛苦的樣子，其實，他們不知道自己在忙什麼。起初，也許知道，然而一旦開始忙了，還真的不知都在忙什麼了。這類人就屬於典型的不能做正確的事的人。

「正確地做事」與「做正確的事」有著本質上的區別。「正確地做事」是以「做正確的事」為前提的，如果沒有這樣的前提，正確地做事將變得毫無意義。首先要做正確的事，然後才存在正確地做事。試想，在一個工廠裡，員工在生產線上，按照要求生產產品，其品質都達到了標準，他是在正確地做事。但是如果這個產品根本就沒有買主，沒有用戶，這就不是在做正確的事。這時無論他做事的方式方法多麼正確，其結果都是徒勞無功的。

那麼對於一名員工來說，什麼是「正確地做事」和「做正確的事」呢？

一位服務祕書接到服務單，客戶要裝一臺印表機，但服務單上沒有註明

269

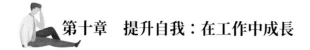

是否要配插線。這時，服務祕書有三種做法：(1) 照開派工單；(2) 打電話提醒一下商務祕書，是否要配插線，然後等對方回話；(3) 直接打電話給客戶，詢問是否要配插線，若需要，就配齊一起幫客戶送過去。

第一種做法，可能導致客戶的印表機無法使用，引起客戶的不滿；第二種做法，可能會延誤工作速度，影響服務品質；第三種做法，既能避免工作失誤，又不會影響工作效率。你覺得，哪種做法最好呢？相信大多數人會選擇第三種做法。而第三種做法就是在做正確的事，第一、二種做法就是在正確地做事，這二者的區別就在結果的不同，其原因是沒有把公司的目標與自己的工作結合在一起。

許多企業之所以經營失敗，往往就是因為它的決策者和決策團隊正在做錯誤的事情，或者是那些高效的「無用工」，正使他們喪失掉機會，於是相應的威脅也隨之而來，進一步阻礙企業的發展。

再者，「正確地做事」強調的是效率，其結果是讓我們更快地朝目標邁進；「做正確的事」強調的則是效能，其結果是確保我們的工作是在堅實地朝著自己的目標邁進。換句話說，效率重視的是做一件工作的最好方法，效能則重視時間的最佳利用 —— 這包括做或是不做某一項工作。

正確做事，更要做正確的事，這不僅僅是一個重要的工作方法，更是一種很重要的管理方法。任何時候，對於任何公司來說，「做正確的事」都要遠比「正確地做事」重要。對企業的生存和發展而言，「做正確的事」是由企業策略來解決的，「正確地做事」則是執行問題。如果做的是正確的事，即使執行中有一些偏差，其結果可能不會致命；但如果做的是錯誤的事情，即使執行得完美無缺，其結果對於企業來說也肯定是災難。

比別人想得長遠一些

　　一個人在工作中考慮問題，一定不能不知變通，被眼前限制住，否則就會一葉障目，不見泰山。

　　愛若和布若差不多同時受雇於一家超級市場，剛開始時大家都一樣，從最底層做起。可不久愛若受到總經理青睞，一再被提升，從領班直到部門經理。布若卻像被人遺忘了一般，還在最底層混。終於有一天布若忍無可忍，向總經理提出辭呈，並痛斥總經理狗眼看人低，辛勤工作的人不提拔，反而提拔那些愛拍馬屁的人。

　　總經理耐心地聽著，他了解這個小夥子，工作肯吃苦，但似乎缺了點什麼，缺什麼呢？三言兩語說不清楚，說清楚了他也不服，看來……他忽然有了個主意。

　　「布若先生，」總經理說，「您馬上到集市上去，看看今天有什麼正賣著的東西。」

　　布若很快從集市上回來說，集市上只有一個農民拉了一車馬鈴薯在賣。

　　「一車大約有多少錢？多少斤？」總經理問。布若又跑去，回來後說有40袋。

　　「價格是多少？」布若再次跑到集市上。

　　總經理望著跑得氣喘吁吁的他說：「請休息一下吧，看看愛若是怎麼做的。」說完叫來愛若對他說：「愛若先生，您馬上到集市上去，看看今天有什

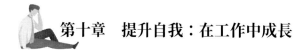

麼正賣著的東西。」

愛若很快從集市上回來了，匯報說到現在為止只有一個農民在賣馬鈴薯，有 40 袋，價格適中，品質很好，他帶回幾個讓總經理看。這個農民過一下子還會搬幾箱番茄上市，他看價格還公道，可以進一些貨。想到有這種價格的番茄，總經理大概也會要，所以他不僅帶回了幾個番茄作樣品，而且還把那個農民帶來了，他現在正在外面等回話呢。總經理看一眼紅了臉的布若，說：「請他進來。」

人們習慣認為，要想獲得成功，就必須比別人付出更多的努力。其實在很多時候，成功者和失敗者的區別就在於成功者能比別人多想一步。同樣的小事情，如果有心，照樣可以做出大學問，不動腦子的人則只會來回跑腿而已。故事中愛若與布若的差別，就在那一念之差上，但就是由於這一念之差造成了兩人人生的天壤之別。

因此，對於生活中的布若這類人來說，不要抱怨自己被人忽視，或者總是感嘆自己韶華虛度，一事無成。要知道，氣憤和不平只會空耗自己的熱情，頹廢消極的情緒只會消蝕自己的人生。他們應該仔細反思一下：在工作中，有沒有時時保持著一種「不入虎穴，焉得虎子」的鬥志？是不是處處保持著一種「我只有一次機會」的自斷後路、義無反顧的氣概？有沒有對自己所從事的事業投入生命的熱情？生活中他們要學會的是自己重用自己，發掘自己。儘管成功的道路上不乏急流漩渦，但仍然勇敢熱烈地去追逐，不斷地去創造，最大限度地發揮自己的特長，做自己最該做、最能做、最有希望取得成就的事情。

在很多年前，有一群熊，歡樂地生活在一片樹木茂密、食物充足的森林裡，牠們在這裡繁衍子孫，與其他動物友好相處。後來有一天，地球上發生

了巨大變化，這片森林被雷電焚燒，各種動物四散奔逃，熊的生命也受到威脅。其中一部分熊提議說：「我們北上吧，在那裡我們沒有天敵，可以使我們發展得更強大。」另一部分則反對：「那裡太冷了，如果到了那裡，只怕我們大家都要被凍死、餓死，還不如去找一個溫暖的地方好好生存，可供我們吃的食物也很多，我們也很容易生存下來。」爭論了半天，誰也說服不了誰，結果，一部分熊去了北極邊緣生活，另一部分則去了一個四季溫暖、草木繁茂的盆地居住下來。

到了北極邊緣的熊，由於氣候寒冷，牠們逐漸學會了在冰冷的海水中游泳，還學會了潛入水下、到海水中捕食魚蝦，甚至勇於與比自己體積還大的海豹搏鬥……長期下來，牠們的身體比以前更大更重，更凶猛。這就是我們現在所看到的北極熊。

另一部分熊到了盆地之後才發現：這裡的肉食動物太多了，自己身體笨重，根本無法和別的肉食動物競爭，便決定不吃肉了，改為吃草。沒想到這裡的吃草的動物更多，競爭更激烈。草也吃不了，只好改吃別的動物都不吃的東西 —— 竹子，這才得以生存下來。漸漸地牠們把竹子當作自己唯一的食物來源。由於沒有其他動物來和牠們爭搶食物，牠們變得好吃懶做，體態臃腫不堪，就演化成了我們現在所看到的大熊貓。後來竹林越來越少，大熊貓的數量也越來越少，幾乎瀕臨滅絕，只能被關在動物園裡，靠人類的幫助才能生存。

熊的遭遇如此，每個人的職業發展又何嘗不是這樣呢？在機遇面前人人平等。如果自己不主動地去競爭，遲早也會和大熊貓的遭遇一樣，被別人排擠，甚至被別人吃掉。就業情勢日益嚴峻，在職場拚殺的白領們不敢有一絲的懈怠，唯恐「砸」了手中的飯碗。已被劃入「老員工」行列的三四十歲的白

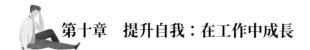

領們，眼見著學弟學妹們拿著碩士、博士學歷，意氣風發地加入到自己的行列中，不自覺地就會心跳加速、血壓上升。然而，這個年齡的人已不像新手們那樣了無牽掛，他們上有老下有小的，工作壓力也越來越大，公事、家事早已壓得他們進入了亞健康狀態。可看著後來者們「虎視眈眈」的樣子，原地踏步只能是死路一條。

畢業於哈佛大學的美國哲學家威廉・詹姆斯（William James）說：「你應該每一兩天做一些你不想做的事。」這是一個永恆不滅的真理，是人生進步的基礎和上進的階梯。有一句名言與這個觀點相同：「容易走的都是下坡路。」辯證法裡量變質變定律也講，量變累積到一定程度就會發生質變。

所以不要奢望個人的進步能夠立竿見影，只要每天進步一點點就行了。讓自己進步的方法很多，「每天做點困難的事」，就是「逼」自己進步的辦法之一。如果你是一位行銷人員，但是當眾演講又是你最害怕的事情，那你就每天「逼」自己對著鏡子練習講話；如果你是一位公關人員，但是你恰巧又是一個內向的人，那你就每天「逼」自己主動與主要的業務夥伴聯繫，或是打電話，或是寄 E-mail，或是相約見面；如果你從國中開始就討厭學外語，可是你要想獲得在職碩士學位，就不得不硬著頭皮，每天「逼」自己練習聽力、複習語法，再一口氣做完一套模擬試題⋯⋯

「每天淘汰你自己」，這是我們應告誡自己的一句話。事實上，我們所處的生存空間正在被無限壓縮。1970 年代的時候，歐美一些未來學家曾經預言：「當人類跨入 21 世紀時，每週的工作時間將壓縮到 36 小時，人們將會有更多的時間提升自我，休閒娛樂。」但當歷史的腳步真的邁入 21 世紀時，人們卻驚訝地發現，相當多的人每週工作時間在無限延伸，甚至超過了 72 小時，還有不少人竟被市場無情地淘汰，而那些每週工作時間在不斷延伸的

人卻是更加發奮「提升」自我。

未來學家們的美好預言被殘酷的事實無情擊碎！假如你不淘汰自己，可能就會被別人淘汰。3 年前在某中外合資企業擔任網路通訊設備銷售經理的一位人才，3 年來一直忙於日常事務，在「乾杯」聲中翻過了日曆。今天，他的下屬學歷比他高，能力比他強，經驗也在數年的商海中獲得了累積，羽翼日漸豐滿，銷售業績驚人，在公司最近的績效考評中名列第一，迅速淘汰了他這位上司，留給他的是歲月的蹉跎和惋惜。

因此，不是自己淘汰自己，就是被別人淘汰自己，這就是職場「演化論」。

任何人在任何時候都不能自我感覺太好，尤其是社會競爭日益激烈的今天，人才流動頻繁，新人輩出，高手如雲，任何公司隨時都有理由輕易地解雇一個拿高薪的資深雇員，而另覓一個不那麼「值錢」的新手取而代之。所以對於那些曾經為公司建立過汗馬功勞的人來說，千萬不要認為，打拚一段時間之後，就有了「老本」，在競爭激烈的當下是沒有老本可吃的，你必須居安思危，未雨綢繆，隨時保持競爭的警覺心，以適應職場永遠的變化。資歷與職位安穩程度在今天並不成正比。

就職於某保險公司的秀秀最近從報紙上看到一則消息：現在最缺的人才就是精算師。秀秀馬上打電話托一位正在讀會計的同學，諮詢他們系上的招生事宜。她說：「隨著時代變化，精算師必將是未來的熱門職業，當我畢業的時候，正是市場最搶手的時候。」秀秀上大學時學的是商業統計。她說：「我原來學的東西太多人會了。我必須盡快更新知識，為將來規劃一份吃香的職業。」

就職於某律師事務所的孫小姐剛參加完專利代理人資格考試。談起報考

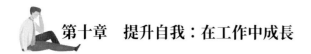

的初衷，孫小姐說：「在西方國家，專利代理人是收入最高的職業之一。所謂知識經濟，在某種意義上講就是專利經濟。因此，專利代理人的前景十分廣闊。」孫小姐的打算是：「將來開一家私人專利代理事務所。」

瞄準未來的潛力行業，提前做好知識儲備，那意味著你已經準備好了。反之，如果一味追捧眼前的熱門職業，弄不好就會落入熱門職業陷阱。

在美國，會計與律師和醫生一樣，是各種職業中收入最高的職業，但我們有所不知，在美國失業率最高的科系排名中，也是這三種職業相關科系的畢業生。目前這種熱門職業高失業率現象也已出現。如前幾年，會計人才緊缺，於是，高職、大學紛紛開設會計學程，學生也把它作為首選，以為一旦考上，以後就業就不會成問題。可誰知，近年來形勢急轉直下，對一個沒有任何經驗的會計系畢業生來說，要想謀求一份稱心如意的工作已成了一大難題。

做事追求盡善盡美

我們常常認為只要準時上班，按時下班，不遲到、不早退就是完成工作了，就可以心安理得地去領薪水了。其實，工作首先是一種態度，工作需要熱情和行動，工作需要努力和勤奮，工作需要積極主動、自動自發的精神。自動自發工作的員工，將獲得工作所給予的更多的獎賞。

工作的任務、範圍是有限的，但工作的內容是無限的。你可以不斷擴展工作的內容，將工作內容細分，任務完成得精美。久而久之，你就會顯現出與眾不同的品質和價值。

史特拉第瓦里（Stradivari）先生是一位著名的小提琴製造家，他製作一把小提琴，要經過不少歲月。但是你可不要以為是他太笨了，他所製造的成品現在已成稀有寶貴的珍物，每件能值萬金。可見世上任何寶貴的東西，你如果不付出全部精力、不畏千辛萬苦地去做是不能成功的。

能否成就一番事業，工作熱情尤其重要。人活著需要熱情，工作著更需要熱情。熱情是活力的源泉，是生命價值的展現，更是發展自我、展現自我的催化劑。沒有熱情就沒有動力，沒有動力就不可能全心全意投入工作，不可能解決工作中的難題，更不可能有創業的力量和勇氣，也就不知道工作的快樂，而指望他成為團隊的領袖，更是妄想。

沒有熱情的人，永遠不會有真正實際的行動。如果一個人整天無精打采、心神恍惚；他總是按部就班，很難出大錯，也絕不會做到最好⋯⋯這樣的人，你能想像他會勇於冒風險、頂壓力、克服種種困難領導一個團隊邁向

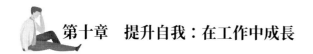

成功嗎？沒有熱情的人容易志短，並且往往受制於人。迫於生計，很多時候只能妥協，這一妥協又於無形中埋沒了自己的才華，錯過了發展的良機，最後只好隨波逐流。

「工作、快樂、功成名就」，對於沒有熱情的人，那只能是一種奢望，因為他根本體會不到工作中的樂趣，不會為了提升自己的工作能力和職業前景去努力挖掘潛力，他只把工作當作謀生的手段。

要把工作做好，必須要有認真負責的責任感、精益求精的態度、追求完美的作風、勤奮努力的觀念，並養成注重細節的良好習慣，不斷提高自身的綜合素養和工作能力、工作效率，認真對待每一項看似簡單而又平凡的工作，把每一項工作做到好。

有一個管理上千名員工的經理，以前他不過是一家傢俱店的學徒。「不要在這件事上浪費時間了，它是毫無價值和意義的，查理！」他的老闆常常對他說。而這個學徒一有空閒時間，就會修理傢俱，很快地他就熟練地掌握了修理傢俱的精湛技術。他如此認真仔細，甚至連店主都覺得有些過分。不滿足於良好狀態，堅持做每一件事都精益求精 —— 成為他的工作習慣，也正是這種良好的習慣將這位年輕人推上一個又一個重要的位置。

我有一位著名的雕塑家朋友，每次去看他時，都發現他在忙於同一件雕塑作品。「我一直在幫它修改潤色。」他指著雕塑對我說：「你看，現在是不是更有光彩了？面部表情也柔和了許多，還有⋯⋯這裡的肌肉也顯得更加強健有力了。」

「這些細小的地方，別人不注意看，應該不會有太大的問題吧！」我心存疑惑地對他說。

這位雕塑家回答說：「也許你說得很對。但是，藝術的完美就在於精益求精。」

當你工作時，應該這樣要求自己：能做到最好就不要做到差不多；可以努力達到藝術家的標準，就不要甘心淪為一個平庸的工匠。

我們信奉「金無足赤，人無完人」，講究「人非聖賢，孰能無過」。但是我們絕不能因為「無完人」而不去追求接近「完人」，因為「有過」就不去減少自己的過失。往往是我們懷了犯錯誤在所難免的心情，做起事來已先沒了嚴格要求自己的態度，總認為，要做事就難免做錯事。這種錯誤難免的思想先入為主，占據了我們的腦海，久而久之就形成了一種習慣，一種不好的習慣。

「第一次就把事情做對」是一種精益求精的工作態度。許多員工做事不精益求精，只求差不多。儘管從表現上看，他們也很努力、敬業，但結果卻總是無法令人滿意。他們不懂得這一道理：工作需要的就是一絲不苟的態度，如果你敷衍了事，它就會報復你：說不定什麼時候，它出其不意地伸腳絆你一下，讓你摔倒。

精益求精，顧名思義，是指在某方面已經取得了不小的成績，但仍需不斷努力，以求做得更好。精益求精重在一個「求」字，就是不滿足於現有的成績，而追求更高、更強、更大的層次。精益求精是一種精神，一種態度，更是一條道路，通向創造完美品質的道路。精益求精是創新，是持續改善，是關注細節。

如何做到精益求精呢？辦法也只有一個：從小事做起，從細微處做起。老人們經常講「小洞不補，大洞叫苦」，往往是一點點小事情的疏忽而造成事故，只因那麼一點點細節沒有注意到而帶來不良的後果。

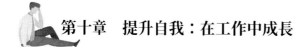

在某公司生產線上的工人，每人都有一隻護套，它是為了防止皮帶金屬扣劃傷產品外觀而特意設計的，這也是該企業推行「零缺陷」管理的一個小細節。「零缺陷」管理是企業在生產過程中要求品質保證的做法。在剛開始推行時，曾有許多職員想不通，認為每天在生產線上忙碌，出一兩個次品在所難免，何況「人非聖賢，孰能無過」，於是產生了牴觸的情緒。後來該公司在舉辦了一次促銷活動，連開三臺洗衣機都因一個小劃痕無法讓顧客滿意，尷尬的場面讓全體職員幡然醒悟。他們終於明白，市場不相信眼淚，更不接受次品。此次活動讓職員們認識到，人不可能不犯錯誤，但透過自身的努力是可以避免犯錯誤的。只要每個職員在自己負責的生產環節和品質控制上盡心盡責地按照生產規範、品質規範、安全規範工作，那許多缺陷就可以避免。

沃爾瑪主要經營的是各種「便宜商品」，除了低價外，還有一個引人注目的特點，這就是提供「可能的最佳服務」。為了實現這一點，公司制定了一系列具有可行性和實用性的管理規則。有的規則近乎達到了完美的程度。比如，要求員工保證做到，「當顧客走到距離你十英尺的範圍內時，要溫和地看著他的眼睛，向他打招呼並親切地詢問是否需要幫助」；對顧客微笑時「露出八顆牙齒」，因為露出八顆牙齒微笑讓人感到最真誠、最親切，也最好看。

「十英尺態度」和「八顆牙微笑」展現了沃爾瑪服務精益求精的精神。隨著買方市場的日益成型，消費者需求導向的時代逐漸到來，消費者對商品和服務的品質及品質以外的其他各種要求也越來越苛刻。消費者需要精益求精的服務。服務越精細，就越能迎合消費者的需求，也就越能贏得消費者的青睞。精細的服務說起來容易做起來難，很多企業在服務上不是缺乏精細服務的理念而未想到服務的精益求精，抓不準消費者的需求而服務不夠，就是淺

嘗輒止，不願進一步挖掘和深化。沃爾瑪的「十英尺態度」和「八顆牙微笑」是建立在對顧客認真、細緻、準確揣摩的基礎上的。精細的服務不能想想而已，既要有成熟的經營理念，更要有正確的態度和精神。

　　做事盡善盡美，不但能夠使你迅速進步，並且還會大大地影響你的性格、品行和自尊心。任何人如果要看得起自己，就要秉持這種精神去做事不可。

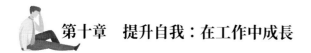

職場不是弱者的舞臺

　　人在職場，不可不知辦公室潛規則，如不許脾氣火暴、大發雷霆；不許做出別人不可預料的劇烈動作；不許天生多情的人到處放電，等等。而不許哭泣則是其中很重要的一條。愛哭從傳統觀念上來講，始終被認為是一種負面的事情。人在遭受批評時，挫折、沮喪、憤怒等情緒接踵而至，甚至因而意志消沉、萬念俱灰。如果此時你甘願當一顆自怨自艾的「苦瓜」，只會被同事們輕視，平日辛苦建立起來的辦公室威信便轟然倒地。因為過於強烈或者稍顯頻繁的哭泣，會被認為抗壓性差，經不起大風大浪，難以擔當重任，軟弱，最終會影響自己的職業生涯。

　　蘿拉看上去是一個完美的職業女性，聰明、漂亮、有上進心，做事力求完美，唯一的死穴就是愛哭。從小蘿拉就有一個綽號：愛哭鬼。升國中時，許多同學給她的畢業留言就是：請改掉動不動就哭的毛病。

　　可惜，這麼多年了，蘿拉還是沒有變化。辛苦設計了一個月的方案，被老闆一票否決，蘿拉忍不住偷偷掉了淚，本以為沒人知道，可惜花了的妝容將她徹底出賣。結果老闆嚴厲地警告她：將個人情緒帶入職場，是不專業的表現。

　　有的人無論在什麼地方工作，只要遇到不順心的事情，就習慣性地向別人大倒苦水，總是希望別人能幫忙，替他化解困難。結果可想而知，同事們只會疏遠他。而另一些人，他們獨立自強，遇到再大的困難也不會逃避，而是思考著怎樣解決它。這樣的人，即使他不向人求助，也總能引來周圍人

的援手。

其實，這並不難理解。因為前者心存「受害者意識」，總希望得到別人的同情，這反而引起了他人的反感；而後者秉有積極向上、獨立自強的信念，博得了人們的尊重，人們就會主動伸出援手。

當然，前者的受害者意識其實也是正常的心理過程，因為每個人從小就無條件地受到父母的關愛，心理的發展過程經歷了從「完全的自我意識」到逐漸學會區別自己與他人、學會體會他人的心情與想法，到設身處地思考問題的過程。一個生理成熟的個體如果總是希望他人無條件地幫助自己，那是心理不成熟的表現。

誠然，每一個成年人都不由自主地渴望獲得與年幼時相似的關愛，但成人的世界需要更加理性的思維邏輯和行事規則，儘管內心深藏著期望，行動上還是需要自我約束，這樣才符合社會規則。

所以，那些「受害意識」深重的人沒有得到他所期望的幫助，也就很好理解了。而獨立自強的人，恰恰是努力讓自己的行為符合成年人行事規範。他們所承載的負擔，周圍人能感同身受；而他們為承擔自己應該承擔的責任所做出的努力，周圍人也能感同身受，故而容易引起彼此的共鳴，贏得尊重。

小孫自幼家境貧寒，靠著體弱多病的父母一點一滴的節約和親屬的接濟，才完成了大學的學業。畢業時，小孫急於找到一份工作來報答父母。在企業面試時，他總表達出希望趕緊得到這份工作，希望孝敬父母的願望。在談到父母的辛苦時候，他總是情不自禁地淚流滿面，但小孫這番「真情告白」，似乎並沒有打動企業，幾次面試都無結果。小孫很沮喪，自己真情求職，為什麼得不到同情？為什麼沒有結果呢？

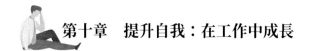

　　殊不知，小孫的求職失敗，最主要原因就是源於他的心態和他不熟悉職場規則。他在求職過程中，潛意識中總有一種希望別人同情自己而獲得工作的想法，而他的這種潛意識，正是源於他不懂得職場規則，不知道職場不相信眼淚，職場也不同情弱者。任何一個企業，都不能指望依靠別人的同情，在殘酷的競爭中生存下來，因此，公司員工必須是一個強者，能和企業一起在激烈在競爭中生存發展下去。

　　顯然，小孫的眼淚，使得這些企業認為小孫不是他們所需要的「強者」，同時，撇除小孫的流淚是不是發自內心這一問題，他這種用眼淚去面試的場景，給予絕大部分面試官的感覺肯定是厭惡大於同情。

　　因此，有必要提醒小孫這類人，社會上有很多像他這樣家境貧困的人，也像他一樣在努力奮鬥著，但這種奮鬥是展現在自強、自立，而不是眼淚和別人的同情。所以他應當改變自己的求職作風和方法，自己報答父母的孝心要用行動來報答，而不是見一個就說一個自己的情感，更不要因此讓企業覺得你是個優柔寡斷的弱者，使自己的一片孝心感情反而成為職業的障礙。

　　事實上，市場經濟體制的存在，就注定了市場不相信眼淚，更不會同情弱者，優勝劣汰是我們每一個人都必須認同的運行規則。有一位公司主管也以自己的親身體會詮釋了這一點。

　　她說：我們的工作主要是為企業用戶架設網站，我和整個團隊都做得很辛苦，一旦開始一個專案，連續幾個星期加班是經常發生的，遇到挑剔苛刻的用戶，如果無法通過驗收，已完成的工作就有被推倒重來的可能。這種情況已不知有過多少次了，身為專案負責人，我為此已不知偷偷流過多少次的淚了。

印象最深刻的一次是替某公司架設網站，工期很緊迫，我和專案組的同事連續加班工作一個多月，幾乎犧牲了所有的假日和業餘時間，我還推掉了好幾次和男友的約會，總算如期完成了任務。但在驗收時，對方仔細得近乎嚴酷，竟在一個極其冗長乏味的頁面中，發現了一個應該用「全形」卻錯用了「半形」的標點符號錯誤，因為類似這樣的幾個小錯誤，驗收就此停頓。

　　當天回到家中，我哭了，哭得比任何一次都厲害，但第二天上班還要盡量掩飾自己的情緒，既要安撫專案組同事們的情緒，又要熱情地與對方溝通。幸好第二次驗收時，我們確實做到了無懈可擊，順利通過了驗收。

　　對於用戶的挑剔我也曾經埋怨過，但事後冷靜下來想想，覺得用戶的嚴格要求其實並不過分，要在激烈的競爭中獲勝，工作上不能出半點錯誤，一定要追求近乎完美的結果。除嚴以律己外，我對員工的要求相當嚴格，在擔任採編部經理後，曾經把一位設計師的設計稿推翻重改了四五稿才通過。

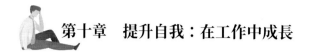
做一個善於學習的人

一個人如果想出類拔萃，學習能力是其必備的基本要求。但凡人生出色的人必然是一個善於學習的人。

人們通常把一個人的學歷和專業技能比喻成走向社會的第一本護照，而把學習能力比喻成一本必不可少的護照。也就是說，一個人的學歷並不等同於他的學習能力，學歷高的人未必學習能力高，學歷低的人未必學習能力低。成功不等於學歷，而是等同於一個人的學習能力。

學習能力從某種意義上來說就是競爭力。一個人只有具備比別人更快、更好的學習能力，才會在競爭中脫穎而出，戰勝對手。

有句話說得好：學習者不一定是成功者，但成功者一定是學習者。學習能力是你成功的助力。

楊某是一家軟體企業的銷售經理，他所服務的企業客戶分布在不同行業，客戶經常會有各種不同的問題等待楊某解決。憑著自己快速的學習能力，楊某在最短時間內了解了客戶的企業背景與相關知識，提出有針對性的專業化服務，從而贏得客戶的讚譽。

有一次，楊某代表公司去參加一家大型房地產企業的軟體系統招標工作。除了楊某所在的公司之外，其他幾家參與投標的 IT 企業都有著豐富的房地產軟體系統開發經驗。雖然楊某所在的公司沒有這方面的經驗，但在業界有良好的聲譽，所以招標方也邀請他們參加了。

面對強勁的競爭對手與自身在這方面經驗不足的狀況，楊某的上司對公司能否中標幾乎不抱希望。但楊某卻認為自己的公司雖然沒有房地產軟體系統方面的設計經驗，但是在其他方面的技術優勢完全可以彌補這方面的不足。

從拿招標書到向客戶介紹專案設計構想有一個星期的時間，能否在客戶面前闡述清楚自己公司的優勢以及對項目營運的構想是中標的關鍵。抱著盡力打拚的信念，原先對房地產行業一無所知的楊某，找來了大量的資料仔細研讀，連續三天三夜惡補房地產方面的知識，他還根據招標方企業的發展情況，與公司技術開發人員仔細探討系統設計的一些創新構想與細節問題。

一個星期下來，楊某瘦了一大圈，但他心中卻對房地產行業有了充分的了解。在面對客戶的專案說明會上，楊某深入淺出地闡述了自己對系統營運的想法，客戶被他所表現出來的專業性深深折服了，最後力克群雄，贏得了合約。

在入行一年後，由於業績很好，楊某就由一名普通銷售人員晉升為大客戶銷售經理。在競爭激烈的銷售行業中，楊某正是憑著出色的學習能力，成功地跨越了許多知識的障礙，為客戶提供專業性的服務，贏得了客戶的認可。

歷史上有名的漢武帝劉徹就是一個注重學習的人。

西漢以來，北方匈奴強大，不斷在邊境擄掠滋事，漢朝一直以和親政策來換取和平。漢武帝時期，匈奴邊患越來越猖獗，漢武帝決定重創匈奴。但匈奴人生長於草原，平日的生活就是與騎馬、射獵緊密相連的，一有戰爭，很快便能進入角色。而漢軍不善騎射，用兵前還需訓練，人馬的默契也不夠，與匈奴決戰，漢軍即使人再多也占不到任何便宜。漢武帝一方面改變軍

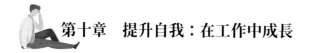

第十章　提升自我：在工作中成長

事戰略，變防守為主動出擊，另一方面積極向敵人學習。

在兵器上，漢武帝認識到漢軍兵器不如匈奴的堅韌，遂派張騫出使西域，張騫的任務之一就是尋找匈奴煉成精鋼刀的配方。

在隊伍整編上，積極備戰，任用匈奴人當教練，訓練漢軍在馬背上的作戰能力，熟悉匈奴的戰法。

第一次大規模討伐匈奴前，漢武帝示意漢軍的裝備效仿匈奴，全部輕騎上陣，糧食和水均讓馬馱著。本次討伐的大軍，雖然只有一路告捷，但透過這次鍛鍊，漢軍行軍速度得到前所未有的提升，漢軍開始適應這種戰法。

在戰術上，漢武帝部署河朔戰役時，示意衛青效仿匈奴人擅長的長途奔襲戰，這一戰衛青以 4 萬對 10 萬，取得了漢朝有史以來對匈奴真正意義上的大捷。

漢武帝的學習是有成效的，在與匈奴的較量中，漢軍不斷提升戰鬥力並重創匈奴，有效鞏固了邊防，而漢武帝劉徹也成長為一個中國歷史上繼秦始皇以後又一個著名的皇帝。

時代不斷在變，社會不斷在變，在這個飛速發展的時代和社會裡，除了變化，沒有什麼東西是不變的，而學習就是了解外部變化、適應外部變化的最有效途徑。

能者過勞

失控的職場文化，天天瞎忙、勞心勞力，你真的「會」工作嗎？

作　　者：殷仲桓，張地

發 行 人：黃振庭

出 版 者：崧燁文化事業有限公司

發 行 者：崧燁文化事業有限公司

E-mail：sonbookservice@gmail.com

粉 絲 頁：https://www.facebook.com/
　　　　　sonbookss/

網　　址：https://sonbook.net/

地　　址：台北市中正區重慶南路一段六十一號八
　　　　　樓 815 室

Rm. 815, 8F., No.61, Sec. 1, Chongqing S. Rd.,
Zhongzheng Dist., Taipei City 100, Taiwan

電　　話：(02)2370-3310

傳　　真：(02)2388-1990

印　　刷：京峯彩色印刷有限公司（京峰數位）

律師顧問：廣華律師事務所 張珮琦律師

定　　價：375 元

發行日期：2022 年 04 月第一版

◎本書以 POD 印製

國家圖書館出版品預行編目資料

能者過勞：失控的職場文化，天天
瞎忙、勞心勞力，你真的「會」工
作嗎？/ 殷仲桓，張地著 . -- 第一版 .
-- 臺北市：崧燁文化事業有限公司，
2022.04
　面；　公分
POD 版
ISBN 978-626-332-301-8(平裝)
1.CST: 職場成功法
494.35　111004809

電子書購買

臉書